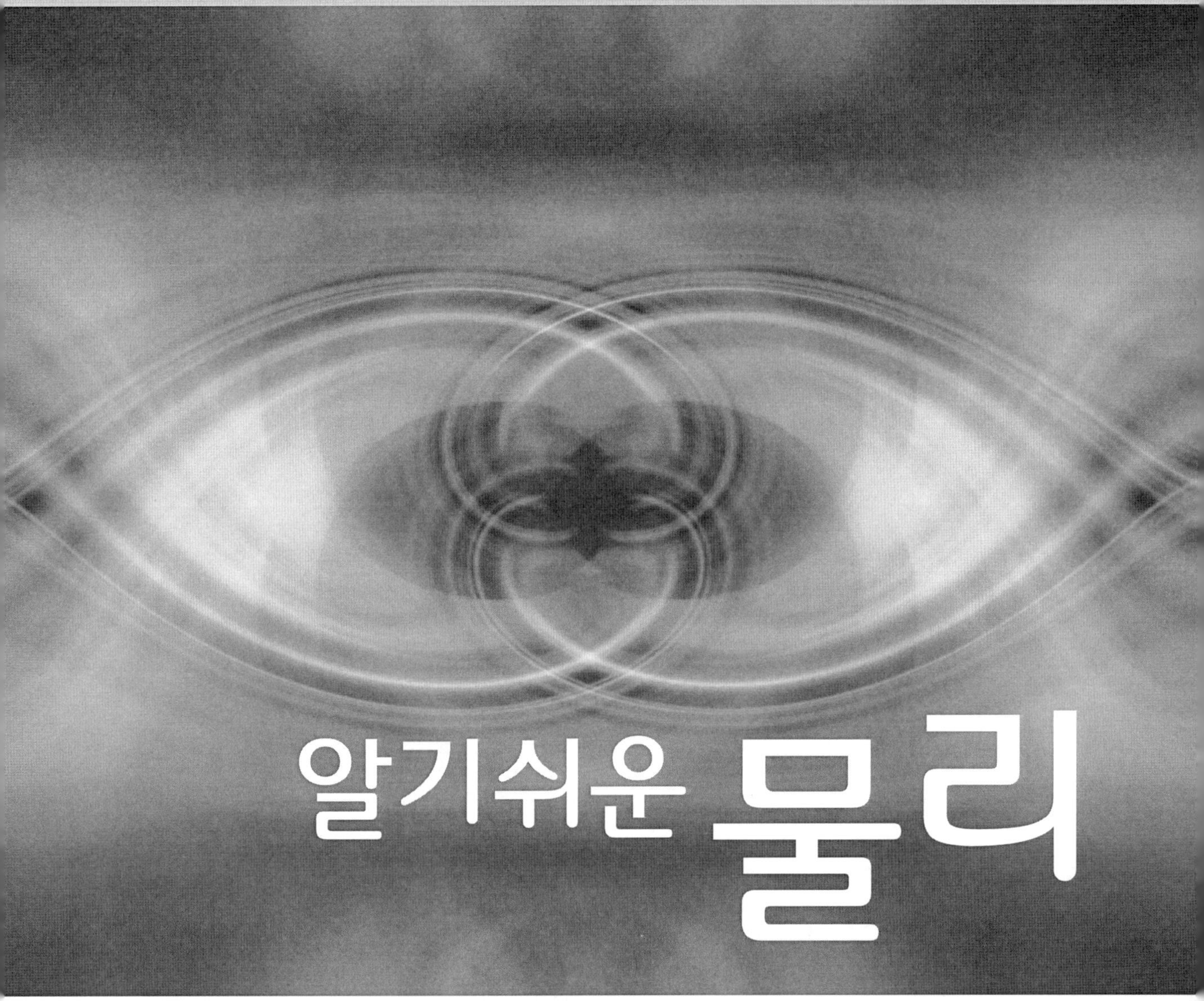

알기쉬운 물리

•박태희 저•

홍릉과학출판사

본 과제(결과물)는 교육과학기술부·지식경제부의 출연금으로 수행한 산학협력중심대학육성 사업의 연구결과입니다.

This work is financially supported by the Ministry of Education, Science and Technology(MEST), the Ministry of Knowledge Economy(MKE) through the fostering project of HUNIC

머리말

물리학은 우리 주변에서 일어나는 자연 현상의 보편적인 원리를 설명하는 기초 학문이자 자연과학, 공학, 의학 등 모든 응용과학에서 기본이 되는 학문이다.

안전한 커브 길을 달리기 위해 자동차의 속도를 늦춰야 하는 이유, 다이빙 선수가 물속으로 들어갈 때 최대한 몸을 구부리는 이유, 그리고 각종 전자 제품에서 모터가 하는 일, 물안경을 쓸 때 물 속을 깨끗하게 볼 수 있는 원리 등 실제로 물리학은 우리의 일상생활과 밀접한 관련을 가지고 있다.

따라서 초등학교 때는 과학 동화나 간단한 실험을 통해 자연의 원리와 법칙을 이해하며, 중고등학교 때는 보다 다양한 물리적 법칙을 이용하여 주어진 문제를 해결해 가는 방법을 배우게 된다. 이와 같이 물리학은 우리가 평생 공부하고 실제 생활에 활용하고 응용하는 학문인 것이다.

그럼에도 불구하고 물리학을 접하는 대부분의 대학생들은 물리학은 접근하기 어렵고 까다로운 것으로만 생각한다. 이러한 원인은 대부분의 물리학 서적이 수많은 수식으로 채워져 있고 학생들은 이러한 수식의 의미를 이해하기 보다는 수식 자체에 의존하여 문제를 해결하고자 하는데 있다고 본다. 그러나 수식이나 수학적인 계산은 자연 현상을 설명하기 위한 하나의 도구이자 언어일 뿐 이것에 얽매이면 물리에 대한 흥미를 쉽게 잃어버리게 된다.

따라서 본 교재는 고등학교에서 사용하고 있는 용어에서 크게 벗어나지 않으면서 연계성이 있도록 구성하였으며, 주제별로 관련 분야의 물리적인 개념이 우리의 실제 생활에 어떻게 이용되는지를 쉽게 설명하였다. 그리고 가급적 수식을 최소화하였으며 수식을 나열하는 것에 그치지 않고 수식의 의미를 이해하기 쉽도록 설명하였다.

본 교재는 총 15장으로 구성되었으며 1장에서 7장까지는 역학, 8장에서 15장까지는 전자기학의 내용을 다루고 있다. 특히 공학교육 인증에 필요한 물리학 실험의 내용에 맞게 이론 전개를 구성하였으며, 실험과 병행하여 원리를 이해할 수 있도록 하였다.

교재를 집필하면서 가능한 이해하기 쉽게 설명하고자 노력했지만 여러모로 부족한 점이 많을 것으로 생각된다. 따라서 이 책을 사용하는 여러분들의 고귀한 의견을 언제든지 보내 주시면 더 좋은 책이 만들어질 수 있도록 노력할 것이다.

마지막으로 본 교재가 출판되기까지 도움을 주신 동명대학교 HUNIC 사업단과 홍릉과학출판사 직원 분들께 감사를 드린다.

저자 박 태 희

차 례

알기 쉬운 물리

제 1 장

SI 단위계

1. SI 단위계
2. SI 접두어
3. 단위 변환
4. 유효 숫자

1.1 SI 단위계

모든 과학은 실험을 통해 이론이나 여러 법칙들을 규명한다. 따라서 실험에 의한 측정값은 공통적이면서도 정확한 크기 또는 양으로 정의된 단위에 기초해야 한다. 이는 과학이나 기술, 상업 등 모든 분야에 적용 가능하며 전 세계적으로 상호 교류나 이해를 쉽게 하기 때문이다.

그러나 고대의 측정 단위들은 체계적인 단위 체계가 아닌 각자의 필요에 따라 만들어진 것이므로 분야에 따라 이용되는 단위도 달랐다. 이에 전 세계는 모든 분야에 공통으로 사용할 수 있는 단위계를 형성하기 시작하였으며, 국제적인 공동 노력의 결과로 이루어진 것이 바로 SI 단위계이다.

SI 단위계는 불어 Le Systeme International d'Uintes의 약어로 "국제단위계"를 나타낸다. 이는 국제적으로 효율적이고 신뢰할 수 있는 공통된 측정 표준을 정하는 단위 체계로서 1960년 제11차 국제도량형총회(CGPM, Conference generale des poids et measures)에서 채택되었다.

SI 단위계는 각 물리량에 대해 한 가지 단위만 사용하므로 전체적으로 단위의 수가 감소된다. 또한, 일관성 있는 체계로 인해 배우기 쉽고 일정한 규칙에 따라 적용하면 되기 때문에 사용이 용이하다. 이와 같은 특징 때문에 오늘날 세계 대부분의 국가는 SI 단위계를 채택하여 사용하고 있다.

SI 단위계는 크게 기본 단위, 유도 단위, 보조 단위로 분류된다. 기본 단위는 SI 단위계의 가장 기본이 되는 7개의 단위로서 독립적인 차원을 갖도록 정의되어 있다. 표 1.1은 7개의 기본 단위의 명칭 및 기호를 나타낸 것이며, 모든 측정값은 기본 단위 또는 이들의 조합으로 표현된다.

물리량	명칭	기호
길이	미터	m
질량	킬로그램	kg
시간	초	s
전류	암페어	A
열역학적 온도	켈빈	K
물질의 양	몰	mol
광도	칸델라	cd

표 1.1 SI 기본 단위

보조 단위는 표 1.2와 같이 평면각과 입체각을 나타내는 2개의 단위가 정의되어 있다.

물리량	명칭	기호
평면각	라디안	rad
입체각	스테라디안	sr

표 1.2 SI 보조 단위

라디안은 그림 1.1과 같이 원의 둘레에서 그 원의 반지름 r과 같은 길이의 호 s를 자르는 두 반지름 사이의 평면각을 의미한다.

$$\theta = \frac{s}{r} \tag{1.1}$$

예를 들어, 원둘레 $2\pi r$는 반지름 r의 2π배이므로 직각은 $\frac{\pi}{2}$라디안이 되는 것이다.

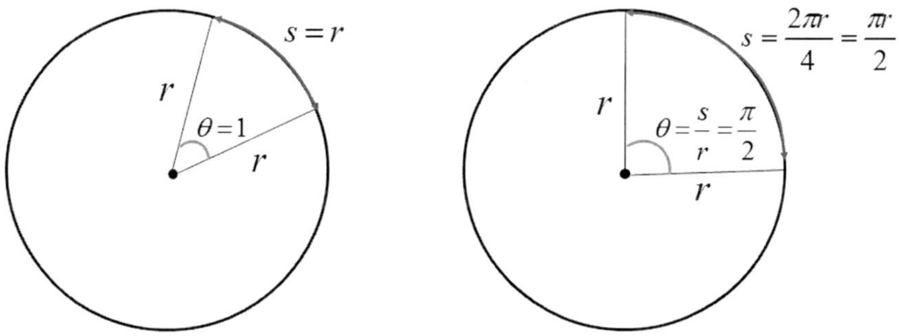

그림 1.1 라디안의 정의

반면, 스테라디안은 그림 1.2와 같이 구 반지름의 제곱과 같은 구 표면적에 대응하는 구의 입체각으로 정의된다.

$$\theta = \frac{A}{r^2} \tag{1.2}$$

구의 표면적은 $4\pi r^2$이므로 전체 구의 입체각은 4π 스테라디안이 된다.

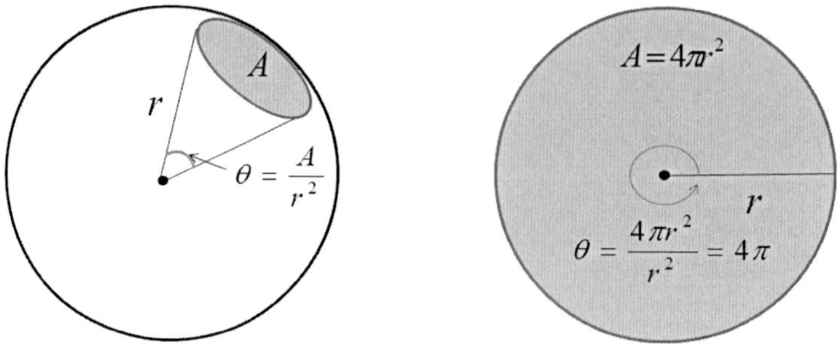

그림 1.2 스테라디안의 정의

유도 단위는 물리적 법칙의 대수 관계를 이용하여 기본 단위, 보조 단위 또는 다른 유도 단위들을 조합하여 얻은 단위이다. 기본 단위로부터 유도된 SI 단위로는 넓이(m^2), 속력(m/s) 등이 있으며, 보조 단위로부터 유도된 단위로는 각속도(rad/s) 등이 있다. 이러한 유도 단위 가운데 주파수(Hz), 힘(N) 등은 편의상 특별한 명칭과 기호를 부여한 것이다.

1.2 SI 접두어(Prefixes)

측정값은 120000000와 같이 매우 크거나 또는 0.000000024와 같이 매우 작은 값을 가질 수 있다. 따라서 이러한 측정값은 다음과 같이 십진배수(10의 양의 정수제곱) 또는 십진분수(10의 음의 정수제곱)를 사용하여 간결하게 표현되기도 한다.

$120000000 = 120 \times 10^6$: 십진배수를 이용한 표현

$0.000000024 = 0.024 \times 10^{-6}$: 십진분수를 이용한 표현

십진배수 또는 십진분수는 아래와 같이 SI 접두어를 사용하여 표현할 수도 있다.

$$120000000 = 120 \times 10^6 = 120\,\mathrm{M}$$

$$0.000000024 = 0.024 \times 10^{-6} = 0.024\mu$$

현재 사용되는 SI 접두어는 국제도량형총회에서 채택된 것으로서 표 1.3은 SI 접두어 및 기호를 나열한 것이다.

십진배수(십진분수)	접두어	기호
10^{18}	exa(엑사)	E
10^{15}	peta(페타)	P
10^{12}	tera(테라)	T
10^{9}	giga(기가)	G
10^{6}	mega(메가)	M
10^{3}	kilo(킬로)	k
10^{2}	hecto(핵토)	h
10^{1}	deka(데카)	da
10^{-1}	deci(데시)	d
10^{-2}	centi(센티)	c
10^{-3}	milli(밀리)	m
10^{-6}	micro(마이크로)	μ
10^{-9}	nano(나노)	n
10^{-12}	pico(피코)	p
10^{-15}	femto(펨토)	f
10^{-18}	atto(아도)	a

표 1.3 SI 접두어

예제 1.1 책장의 길이는 가로 900m, 세로 1,000m이다. 책장의 면적을 킬로미터 형태로 표현하라.

풀이 면적 A는 가로×세로이므로 각 길이를 km로 환산하여 계산하면 다음과 같다.

$$A = 900\text{m} \times 1{,}000\text{m} = (0.9 \times 10^3\text{m}) \times (1 \times 10^3\text{m})$$
$$= (0.9\text{km}) \times (1\text{km}) = 0.9\text{km}^2$$

■

1.3 단위 변환

현재는 세계 대부분의 국가에서 SI 단위계를 사용하고 있으나 오랫동안 사용해 오던 단위계로 인해 단위 변환이 필요한 경우가 있다. 즉, 인치를 미터로 변환하거나 그램을 킬로그램으로 변환할 경우가 있는 것이다. 이와 같이 한 단위계로 표시된 양을 다른 단위계를 이용하여 표시하는 것을 단위 변환이라 하며, 이를 위해서는 환산인자(Conversion factor)를 사용하여 불필요한 단위를 없애준다.

표 1.4는 자주 사용되는 길이와 질량, 시간에 대한 단위 환산표를 보인 것이다.

길이	질량	시간
1m = 100cm	1kg= 1,000g	1hour = 60min
1km = 1,000m	1lb(파운드) = 0.45359237kg	1min = 60sec
1mm = 0.001m	1kg = 2.2046lb	1hour = 3,600sec
1inch = 0.025m	1근 = 0.6kg	
1ft = 12inch		
1yd = 3ft		
1mile = 1,706yd		

표 1.4 자주 사용되는 길이와 질량, 시간의 단위 환산표

예제 1.2 1 inch는 몇 cm인가 ?

풀이 표 1.4의 단위 환산표에서 볼 수 있듯이 1inch = 0.025m이므로 m에서 cm로의 단위 환산을 위해 아래와 같이 100cm/1m의 환산 인자를 곱해주어야 한다.

$$1\text{inch} = 0.025\text{m} = 0.025\text{m} \times 100\text{cm}/1\text{m} = 2.5\text{cm}$$

따라서 1 inch는 2.5cm이다. ■

1.4 유효숫자

실험과 관찰을 통한 측정값은 대부분 근사값으로 표현된다. 그러나 실험장치나 실험자의 숙련도 등에 따라 측정값의 정확도는 달라지게 된다. 만일 측정값이 17,965라 가정했을 때 십의 자리에서 반올림하면 근사값은 18,000이 되고, 백의 자리에서 반올림해도 18,000이 된다. 즉, 측정값 17,965를 십의 자리나 백의 자리에서 반올림한 결과는 모두 18,000이 된다. 이러한 경우 근사값 자체로는 반올림된 자리를 정확히 알 수 없다. 그러나 근사값에 대한 유효숫자를 알고 있다면 주어진 근사값이 얼마나 정확한지, 그리고 어떤 자리에서 반올림 또는 올림이나 버림을 했는지 알 수 있다.

유효숫자란 근사값에서 반올림되지 않은 부분, 즉 측정값에서 신뢰할 수 있는 숫자를 의미한다. 따라서 유효숫자에 따라 측정값의 정확도는 달라진다. 위의 예에서 십의 자리에서 반올림한 경우 반올림되지 않은 부분이 1, 8, 0이므로 유효숫자는 1, 8, 0이 된다. 그러나 백의 자리에서 반올림한 경우 반올림되지 않은 부분은 1, 8이므로 유효숫자는 1과 8이 된다.

이와 같이 근사값의 유효숫자 또는 반올림된 자리를 분명하게 명시하기 위해 정수부가 한자리인 소수와 10의 거듭제곱을 이용하여 근사값을 표현하게 된다. 따라서 위의 경우 각각은 $1.80*10^4$와 $1.8*10^4$로 나타낸다.

유효숫자를 이용하여 근사값을 표현하는 방법을 정리하면 다음과 같다.

$a \times 10^n$ 또는 $a \times \dfrac{1}{10^n}$, 단 $1 \le a \le 10$이고, n은 자연수

예 8000(유효숫자가 2개) = 8.0×10^3

3600(십의 자리에서 반올림) = 3.6×10^3

$0.0023 = 2.3 \times \dfrac{1}{10^3}$

이제 유효숫자로 표시된 측정값을 가감승제하는 방법에 대해 살펴보자. 연산 후 데이터의 정확도를 유지하며, 불필요한 연산 시간의 낭비를 줄이기 위해 일반적으로 다음과 같은 규칙을 따른다.

두 양을 더하거나 빼는 경우 연산 결과는 소수점 이하 자릿수가 가장 적은 유효

숫자로 제한함으로써 정확도가 낮은 쪽에 맞춘다. 예를 들면, 12.3+4.57의 경우 덧셈 결과는 16.87이 되나 12.3의 경우 소수점 이하 한자리이므로 16.87을 소수점 이하 한자리까지만 나타내면 16.9가 된다.

그러나 곱셈과 나눗셈의 경우 유효숫자의 개수가 적은 쪽에 맞추어 계산하고 결과를 반올림하여 유효숫자 개수가 같도록 조절한다. 예를 들어, 유효숫자가 세 자리인 수 2.54와 유효숫자가 두 자리인 수 5.3을 곱하는 경우, 오차를 고려하면 계산은 $(5.3 \pm 0.1) \times (2.54 \pm 0.01)$이 된다. 따라서 연산 결과 얻어지는 수에서 가장 큰 수는 $5.4 \times 2.55 = 13.77$이고 가장 작은 수는 $5.2 \times 2.52 = 13.10$이 된다. 여기서 실제 유효숫자로서 의미 있는 수는 13이다. 결과적으로 연산을 간단히 하기 위해 주어진 두 수를 곱하여 $5.3 \times 2.54 = 13.462$를 얻은 후 유효숫자의 수가 작은 두 자리를 선택하면 동일한 13의 연산 결과를 얻게 되는 것이다.

또한, 근사값에 0이 포함되어 있을 때 0이 단순히 자릿수를 채우기 위해 사용된 것인지 아니면 유효숫자인지를 구별할 수 있어야 한다. 따라서 유효숫자의 기본 규칙을 살펴보면 다음과 같다.

- 0이 아닌 모든 정수는 유효숫자이다.
- 0은 유효숫자가 될 수도 있고 안 될 수도 있다.

(1) 첫자리의 0은 유효숫자가 아니다. 예를 들어, 0.0064의 경우 첫 세 개의 0은 유효숫자가 아니므로 유효숫자는 6, 4이다.

(2) 0이 아닌 숫자 사이의 0은 유효숫자이다.

예를 들어, 10064의 경우 유효숫자는 1, 0, 0, 6, 4이다.

(3) 소수에서 소숫점 이하 오른쪽 끝부분의 0은 유효숫자이다. 예를 들어, 1.00의 경우 유효숫자는 1, 0, 0이다.

(4) 정수에서 오른쪽 끝부분에 위치한 0은 유효숫자가 될 수도 있고 안 될 수도 있다. 357,000의 경우 소수점으로 어떻게 표시하느냐에 따라 유효숫자는 3개 또는 4개 등의 유효숫자를 가질 수 있는 것이다.

예제 1.3 다음의 근사값을 유효숫자와 10의 거듭제곱의 곱으로 나타내어라. 단 괄호 안의 숫자는 유효숫자의 개수를 의미한다.

(a) 34000(3개)　　(b) 0.06300(4개)

풀이 (a) 34000의 유효숫자는 3개이므로 5.40×10^4

(b) 0.06300의 유효숫자는 4개이므로 $6.300 \times \dfrac{1}{10^2}$ ■

예제 1.4 주어진 근사값을 이용하여 다음을 연산하라.

(a) $7.82 + 3.427$ (b) $3.259 - 1.57$

(c) 2.236×1.7 (d) $5.29 \div 2.4$

풀이 (a) $7.82 + 3.427 = 11.247 = 11.25$(소수점 이하 두 자리 수로 제한)

(b) $3.259 - 1.57 = 1.689 = 1.69$(소수점 이하 두 자리 수로 제한)

(c) 2.236×1.7의 경우,

2.2(유효숫자를 두 자리 수로 제한) $\times 1.7 = 3.74$

= 3.7(유효숫자를 두 자리 수로 제한)

(d) $5.29 \div 2.4$의 경우,

5.3(유효숫자를 두 자리 수로 제한) $\div 2.4 = 2.2083$

= 2.2(유효숫자를 두 자리 수로 제한) ■

예제 1.5 CD의 지름이 120mm이었다면, 이 CD의 둘레는 얼마인가? 이때 유효숫자를 고려하라.

풀이 원의 둘레는 $s = 2\pi r$이므로 일반 계산기로 계산시 376.991118mm이다. 그러나 지름 측정값의 유효숫자가 3자리이므로 원의 둘레는 377mm라고 표현해야 한다. ■

연습문제

1. 다음을 SI 접두어를 사용하여 간단히 표현하라.

   (1) 10^6　　(2) 0.0031　　(3) 2×10^9　　(4) 10^{-4}

2. 130km/h를 mi/h로 단위 변환하라.

3. 가로 3m, 세로 39m는 몇 평이나 되는지 계산하라.

4. 1리터는 $10^3 cm^3$이다. 5.7mL는 몇 cm^3인가?

5. 다음의 주어진 측정값에서 유효숫자가 무엇인지 설명하라.

   (a) 35.72　　(b) 0.00003　　(c) 3.01002　　(d) 357000

6. 유효숫자를 고려하여 220V 60W 전구의 필라멘트를 흐르는 전류의 크기를 구하라. 단, 전력 = 전압 × 전류이다.

7. 직육면체의 가로, 세로, 높이가 각각 18.1cm, 6.2cm, 25.5cm일 때 부피는 얼마인가? 유효숫자를 고려하여 계산하라.

알기 쉬운 물리

제 2 장

1차원 운동

1. 거리와 변위
2. 평균 속력과 평균 속도
3. 순간 속도와 순간 속력
4. 평균 가속도와 순간 가속도
5. 1차원 등가속도 운동
6. 자유낙하

2.1 거리와 변위

운동은 시간에 따라 공간상의 위치가 변하는 것이다. 따라서 물체의 운동을 기술하려면 먼저 물체의 위치를 나타내어야 한다.

그러나 운동은 상대적이다. 예를 들어 달리는 차 안에서 밖을 내다보면 거리의 건물이나 사람들은 뒤로 운동하고 있는 것처럼 보이지만 밖에서 보면 차가 앞으로 운동하는 것처럼 보이게 된다. 이와 같이 관측자에 따라 물체의 운동 상태는 다르게 해석된다. 따라서 물체의 운동을 정확하게 기술하려면 좌표계의 원점이라 할 수 있는 기준점을 명시하고 이에 대한 물체의 위치를 기술해야 한다.

그림 2.1과 같이 인도에서 걸어가고 있는 한 어린이의 1차원 운동에 관해 살펴보자. 1차원 운동이란 수평(x 방향) 또는 수직(y 방향)으로만 운동하는 직선 운동을 의미한다.

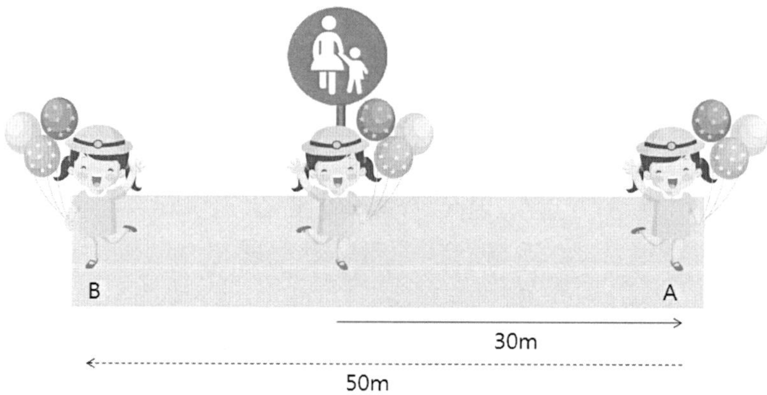

그림 2.1 1차원 운동

만일 인도에 있는 표지판을 운동의 기준점으로 정하고, 어린이가 표지판의 오른쪽으로 30m 걸어갔다가(A점) 다시 왼쪽으로 50m 이동(B점)하였다고 가정하자. 이때 어린이가 이동한 거리는 얼마일까 ? 당연히 오른쪽으로 30m를 가고 다시 왼쪽으로 50m를 이동하였으므로 총 이동거리는 80m가 될 것이다.

이와 같이 물체의 이동 거리는 물체가 운동하는 동안 이동한 총 거리를 나타내는 스칼라량이다. 즉, 방향을 고려하지 않고 움직인 거리를 나타내는 물리량이다.

반면, 물체의 처음 위치에서 나중 위치로의 직선 변화를 변위라고 한다. 따라서 물체의 처음 위치를 x_i, 나중 위치를 x_f라 할 때, 변위는 식 (2.1)과 같이 정의된다.

$$\Delta x = x_f - x_i \tag{2.1}$$

이때 x_f가 x_i보다 크면 변위는 양(+)의 값을 가지고, x_f가 x_i보다 작으면 음(-)의 값을 가진다. 여기서 양과 음은 운동의 방향을 의미한다.

위의 예에서 어린이의 변위는 -20m이며, 이는 표지판으로부터 왼쪽으로 20m를 이동하였음을 의미한다. 이와 같이 변위는 위치 변화를 나타내는 물리량으로서 이동 경로는 고려하지 않고 출발점과 도착점을 최단거리로 연결하는 길이와 방향을 함께 고려한 것이다.

예제 2.1 한 농구 선수가 25초 동안 자기 팀의 골대에서 100m 떨어진 상대 팀의 골대까지 달려갔다가 원래의 위치로 되돌아올 경우 이 선수의 이동 거리와 변위는 얼마인가?

풀이 자기 팀의 골대를 운동의 기준점으로 가정했을 때, 농구 선수는 100m 만큼 이동했다가 다시 100m를 달려 원래의 위치로 되돌아왔으므로 이동 거리는 200m가 된다. 그러나 농구 선수의 처음 위치와 마지막 위치는 자기 팀의 골대 위치로 동일하므로 변위는 0m이다. ■

2.2 평균 속력과 평균 속도

그림 2.2와 같이 토끼와 거북이가 각자의 집에서 동시에 출발했는데 학교에 거북이가 먼저 도착했다면 거북이가 더 빠른 걸까?

이는 각자의 집에서 학교까지의 거리가 다르기 때문에 누가 더 빠르다고 말할 수 없다. 따라서 이런 경우 거북이와 토끼의 집에서 학교까지의 거리를 재고 출발한 시간과 도착한 시간의 차로 나누어 주면 같은 시간 동안 어느 정도의 거리를 갔는지 비교할 수 있을 것이다.

예를 들면, 거북이가 200m를 20분 걸려서 왔고, 토끼는 1,000m를 10분 걸려서 왔다고 가정하면 거북이는 200m/20분 = 10m/분, 토끼는 1,000m/10분 = 100m/분이 된다. 즉, 거북이는 1분 동안 10m, 토끼는 1분 동안 100m를 간 결과이므로 토끼가 더 빨리 간 것이다.

그림 2.2 빠르기 비교 : 토끼와 거북이 중 누가 더 빠를까?

이와 같이 시간의 변화에 따른 물체의 이동 거리를 평균 속력이라 하며, 다음과 같이 정의된다.

$$\bar{v} = \frac{\text{이동거리}}{\text{시간의 변화}} \tag{2.2}$$

여기서 $\bar{v}$는 평균 속력을 나타내며, SI 단위는 m/s(meter per sec)이다. 속력의 단위는 사용 용도에 따라 거리와 시간의 여러 단위를 조합하여 사용할 수 있다. 예를 들어, 자동차와 같이 빠른 속력을 나타낼 때는 km/h, 느린 속력을 나타낼 때는 cm/s를 사용하기도 한다.

물체의 빠르기를 측정하는 물리량으로서 속력과 속도를 사용하고 있으나, 일상생활에서는 이들 용어를 구분하지 않고 혼합하여 사용하는 경우가 많다. 그러나 엄밀하게 따지면 이동 거리와 변위는 평균 속력과 평균 속도를 결정한다. 즉, 평균 속력은 이동 거리를 걸린 시간으로 나눈 것이지만, 평균 속도는 다음과 같이 변위를 시간의 변화로 나눈 것이다.

$$\bar{v} = \frac{\text{변위}}{\text{시간의 변화}} = \frac{\Delta x}{\Delta t} \tag{2.3}$$

따라서 평균 속력은 스칼라량이고 평균 속도는 벡터량이다. 즉, 평균 속력은 단지 빠르기를 나타내지만, 평균 속도는 어떤 방향으로 얼마의 빠르기로 운동하는가를 나타낸다. 따라서 방향이 변하지 않는 직선 운동에서 평균 속력과 평균 속도는 크기가 같다. 그러나 방향이 바뀌면 평균 속력과 평균 속도의 크기는 달라지게 된다.

예제 2.2 5초 동안 150m를 달리는 치타의 평균 속력은 얼마인가?

풀이 치타의 평균 속력은 150m/5s = 30m/s이다. ■

예제 2.3 예제 2.1에서 농구 선수의 평균 속력과 평균 속도는 얼마인가?

풀이 평균 속력은 200m/25s = 8m/s이나, 평균 속도는 0m/25s = 0m/s이다. ■

2.3 순간 속도와 순간 속력

평균 속도는 식 (2.3)과 같이 시간 변화에 따른 위치의 변화율을 나타낸다. 그러나 임의의 순간에 있어서 물체의 속도를 알고자 한다면 순간 속도를 구해야 한다. 따라서 순간 속도는 아주 짧은 시간 간격, 즉 Δt가 0으로 접근할 때의 평균 속도의 극한값으로 정의된다.

$$v = \lim_{\Delta t \to 0} \frac{\Delta x}{\Delta t} = \frac{dx}{dt} \tag{2.4}$$

여기서 v는 순간 속도를 의미하며, 시간에 대한 위치의 미분 함수와 같다. 따라서 순간 속도는 한순간에서의 접선의 기울기라 볼 수 있다. 일반적으로 흔히 말하는 속도란 평균 속도가 아닌 순간 속도를 말한다.

반면 물체의 순간 속력은 순간 속도의 크기로 정의된다. 평균 속력과 같이 순간 속력은 스칼라이다. 예를 들어, 자동차의 속력계가 가리키는 눈금이나 고속도로 순찰대가 측정하는 것은 평균 속력이 아닌 순간 속력을 나타낸다. 즉, 자동차의 운동 방향에 무관하게 그 빠르기만을 나타내는 것이다. 따라서 운전자가 도로에서 아무리 규정 속도를 잘 지켜 운전했다 할지라도 어느 한 순간 과속한다면 지금까지 규정 속도를 지켜서 운전했음을 증명할 수 없게 된다.

예제 2.4 동쪽으로 달리는 트럭의 속력계의 눈금이 70km/h를 가리키고 있다. 다른 트럭이 서쪽으로 70km/h로 달리고 있을 때, 두 트럭의 속력이 같은가? 아니면 속도가 같은가?

풀이 두 트럭의 속력계 눈금은 같으나 방향이 다르므로 두 트럭의 속력은 같고 속도는 다르다. 따라서 두 트럭의 속력이 동일하다. ■

예제 2.5 아래의 그림은 시간에 따른 물체의 위치 변화를 나타낸 것이다.

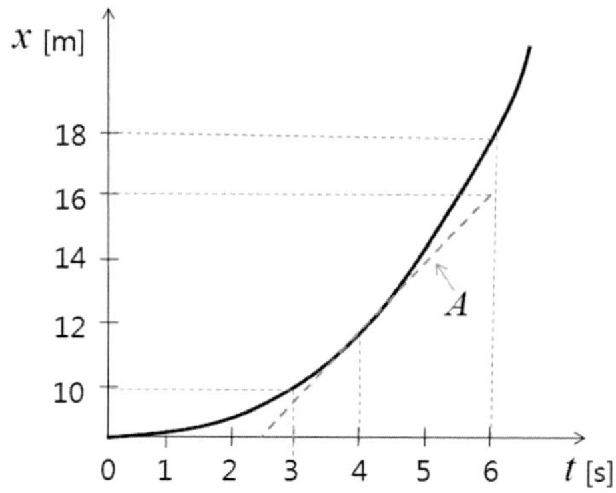

(a) 3초에서 6초 사이의 평균 속도는 얼마인가?

(b) 4초에서의 순간 속도는 얼마인가?

풀이 (a) 식 (2.3)에 의해 3초에서 6초 사이의 평균 속도는 다음과 같다.

$$v=\frac{x_2-x_1}{t_2-t_1}=\frac{16-10}{6-3}=2[\mathrm{m/s}]$$

(b) 4초에서의 순간 속도는 4초에서의 접선, 즉 A의 기울기로부터 계산된다. 따라서

$$v=\frac{16-0}{6-2.5}=4.57[\mathrm{m/s}]$$

이다. ■

예제 2.6 시간에 따른 물체의 위치 변화를 수식으로 표현하면 $x=-2t^2-3t+5[\mathrm{m}]$이다.

(a) 처음 5초간 평균 속도는 얼마인가?

(b) 3초에서의 순간 속도는 얼마인가?

풀이 (a) $t=0$일 때 $x=5$, $t=5$일 때 $x=-60$이므로 처음 5초간 평균 속도는

$$v = \frac{(-60)-(5)}{5-0} = -13\,[\mathrm{m/s}]$$

이다.

(b) 순간 속도는 식 (2.4)로부터 위치를 시간에 따라 미분한 것과 같다. 따라서

$$v = \frac{dx}{dt} = -4t - 3$$

가 되므로, $t=3$에서 순간 속도는 −16[m/s]가 된다. ■

2.4 평균 가속도와 순간 가속도

물체의 속도가 증가하거나 감소하는 것을 가속된다고 한다. 흔히 도로에서 다른 자동차를 추월하고자 할 때는 가속 페달을 밟아 자동차의 속도를 증가시키지만, 주행하고 있는 자동차를 세우고자 할 때는 브레이크를 밟아 자동차의 속도를 감소시키게 된다.

이와 같이 시간에 따른 속도의 변화율을 평균 가속도라 하며 시간 t_0에서 t_1으로 변할 때 속도가 v_0에서 v_1이 되었다면 다음과 같이 정의된다.

$$\bar{a} = \frac{\Delta v}{\Delta t} = \frac{v_1 - v_0}{t_1 - t_0} \tag{2.5}$$

여기서 $\bar{a}$는 평균 가속도를 나타내며, SI 단위는 $\mathrm{m/s^2}$이다. 식 (2.5)에서 알 수 있듯이 가속도는 속도와 마찬가지로 크기뿐만 아니라 방향을 갖는 벡터량이다. 이는 가속 페달을 밟아 자동차를 가속시킬 때 차 안의 승객은 몸이 뒤로 향하고, 갑자기 브레이크를 밟게 되면 승객들은 차의 진행 방향으로 밀리게 되는 가속도 효과를 상상해 보면 가속도는 방향이 있는 벡터량임을 쉽게 알 수 있다.

(a) 자동차가 가속될 때 (b) 자동차가 감속될 때

그림 2.3 가속도 효과

예제 2.7 자동차가 정지 상태에서 출발하여 속도가 0에서 40m/s의 속도로 증가한다고 가정하자. 만일 자동차의 속도가 40m/s로 가속되는데 40초가 걸린다면 평균 가속도는 얼마인가?

풀이 40초 동안 속도의 변화는 (40−0)m/s이므로 평균 가속도는

$$\bar{a} = \frac{40\text{m/s}}{40\text{s}} = 1\text{m/s}^2$$

이 된다. ■

순간 속도와 마찬가지로 순간 가속도는 어느 한 순간의 속도 변화율을 의미한다. 이는 다음과 같이 가속도가 변하지 않을 정도의 아주 짧은 시간 간격에 대한 평균 가속도를 구함으로써 계산된다.

$$a = \lim_{\Delta t \to 0} \frac{\Delta v}{\Delta t} = \frac{dv}{dt} = \frac{d}{dt}\left(\frac{dx}{dt}\right) = \frac{d^2x}{dt^2} \tag{2.6}$$

따라서 순간 가속도는 시간에 대한 속도의 미분 또는 시간에 대한 변위의 2차 미분과 같다.

순간 가속도는 평균 가속도와 마찬가지로 벡터량이므로 방향이 중요하다. 가속도가 양이면 속도가 양의 x 방향으로 증가하고 있음을 의미한다. 그러나 양의 x 방향에서 속도가 감소한다면 가속도는 음이다. 또한, 가속도의 부호가 음이면 속도

가 점점 감소한다는 뜻이며 이는 감속도라고도 한다. 이와 같이 가속도는 가속 및 감속과 같이 속도가 변하는 모든 상황들을 의미한다. 일상생활에서 말하는 가속도란 순간 가속도를 의미한다.

예제 2.8 한 물체가 x 방향으로 $x=2+3t-5t^2$m에 의해 움직인다. 여기서 x의 단위는 m이고, t의 단위는 s(초)이다. 5초에서 이 물체의 속도 및 가속도를 구하라.

풀이 5초에서의 순간 속도는 식 (2.4)에 의해

$$v=\frac{dx}{dt}=3-10t=3-10(5)=-47\mathrm{m/s}$$

이다.

또한, 5초에서의 순간 가속도는 식 (2.6)에 의해

$$a=\frac{dv}{dt}=-10\,\mathrm{m/s^2}$$

이며, 이는 시간에 무관하게 항상 감속되고 있음을 의미한다. ■

2.5 1차원 등가속도 운동

물체의 운동을 분석함에 있어서 가속도가 시간에 따라 변하게 되면 분석이 매우 어려울 수 있다. 그러나 가속도가 일정하면 간단한 형태로 분석이 가능하다.

그림 2.4는 직선 운동에서 시간에 따라 가속도가 일정한 등가속도 운동의 그래프를 보인 것이다. 가속도가 일정하므로 기울기가 0인 직선이 됨을 알 수 있다.

이제 $t=0$에서 물체의 초기 속도가 v_0, 임의의 시간 t에서의 속도를 v라 할 때 가속도의 정의에 따라 다음의 식을 얻을 수 있다.

$$a=\frac{v_1-v_0}{t_1-t_0}=\frac{v-v_0}{t} \quad \text{또는} \quad v=v_0+at \tag{2.7}$$

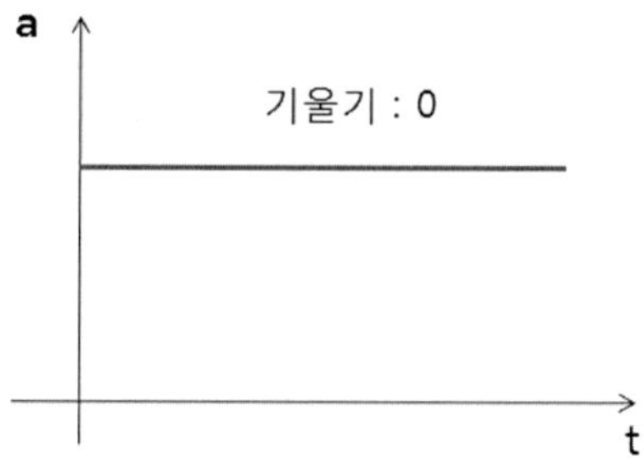

그림 2.4 가속도 운동에서 시간-가속도 그래프

이는 속도와 시간과의 관계를 나타내며, 그림 2.5와 같이 y절편이 v_0이고 기울기가 a인 직선 그래프가 된다. 위의 식을 통해 물체의 초기 속도 v_0와 등가속도 a가 주어질 때 임의의 시간 t에서의 나중 속도를 구할 수 있다.

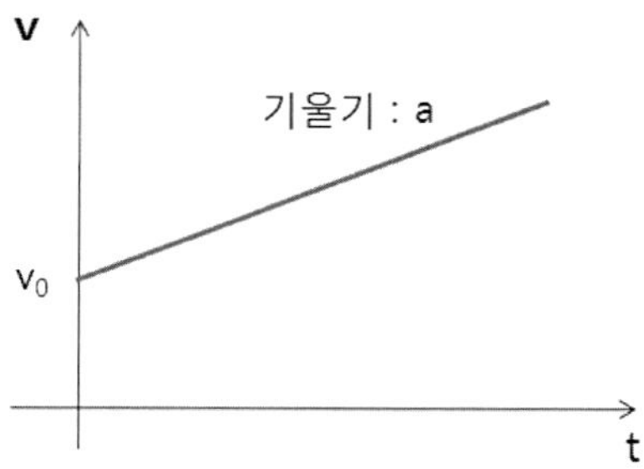

그림 2.5 등가속도 운동에서 시간-속도 그래프

등가속도 운동에서 속도는 시간에 따라 선형적으로 증가하므로 임의의 시간 동안 평균 속도 $\bar{v}$는 처음 속도 v_0와 나중 속도 v의 산술 평균으로 나타낼 수 있다.

$$\bar{v} = \frac{v_0 + v}{2} \tag{2.8}$$

따라서 평균 속도의 정의로부터 시간 t동안 물체가 이동한 변위 Δx는 다음과 같이 구할 수 있다.

$$\Delta x = \bar{v}\Delta t = \frac{(v_0 + v)}{2}t \tag{2.9}$$

$t=0$에서 물체의 위치를 x_0, 임의의 시간 t에서의 물체의 위치를 x라 할 때, 변위 Δx는 $x-x_0$이므로 이를 식 (2.9)에 대입하면 시간 t에서의 물체의 나중 위치를 구할 수 있다.

$$x = x_0 + \frac{(v_0+v)}{2}t \tag{2.10}$$

또한, 식 (2.7)의 v를 식 (2.10)에 대입하면 변위에 대한 또 다른 유용한 식을 얻을 수 있다.

$$x = x_0 + \frac{1}{2}(v_0+at+v_0)t \quad \text{또는} \quad x = x_0 + v_0 t + \frac{1}{2}at^2 \tag{2.11}$$

이 식은 그림 2.6과 같이 시간-위치의 관계를 나타내며, 처음 속도와 가속도를 알 때 시간 t에서 나중 위치를 의미한다.

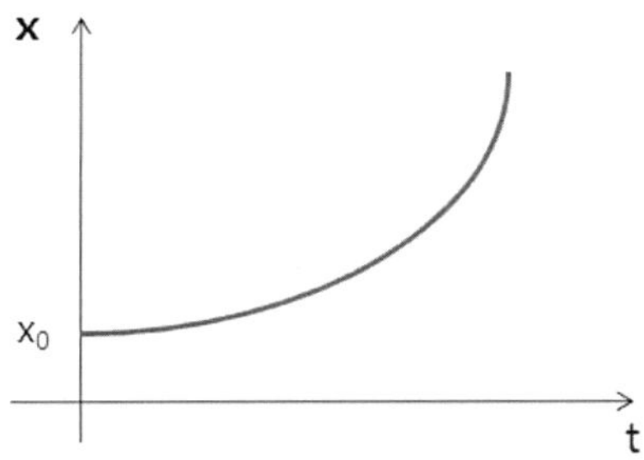

그림 2.6 등가속도 운동에서 시간-위치 그래프

식 (2.7)을 t에 관한 식으로 변환하고, 이를 식 (2.10)에 대입하면 다음의 식을 얻게 된다.

$$x = x_0 + \frac{1}{2}(v+v_0)\left(\frac{v-v_0}{a}\right) = x_0 + \frac{v^2-v_0^2}{2a} \tag{2.12}$$

그리고 이 식을 정리하면 다음과 같은 나중 속도 식을 유도할 수 있다.

$$v^2 = v_0^2 + 2a(x-x_0) \tag{2.13}$$

이 식은 등가속도 a와 변위 Δx를 알고 있을 때 나중 속도 v를 구하기 위해 사용된다.

표 2.1은 지금까지 유도된 등가속도 운동 방정식을 정리한 것이다. 이 식들은 운동을 기술하는데 매우 유용하므로 기억해 두면 편리하다.

운동 방정식	설명
$v = v_0 + at$	초기 속도와 등가속도를 알 때 나중 속도
$x = x_0 + \bar{v}t$	초기 위치와 평균 속도를 알 때 나중 위치
$x = x_0 + \frac{1}{2}(v + v_0)t$	초기 위치와 초기 및 나중 속도를 알 때 나중 위치
$x = x_0 + v_0 t + \frac{1}{2}at^2$	초기 위치와 초기 속도 및 등가속도를 알 때 나중 위치
$v^2 = v_0^2 + 2a(x - x_0)$	초기 속도와 등가속도 및 변위를 알 때 나중 속도

표 2.1 등가속도 운동 방정식

2.6 자유낙하

공기의 저항이 무시될 만큼 충분히 작다면 낙하하는 모든 물체는 질량에 관계없이 일정한 가속도로 지구 중심을 향해 떨어진다. 이와 같이 공기의 저항을 무시할 수 있는 이상적인 상황에서 중력만의 작용에 의해 나타나는 물체의 운동을 자유낙하라 한다.

1971년 한 우주 비행사는 공기가 없는 달 주변의 공간에서 망치와 깃털을 정지 상태에서 동시에 떨어뜨렸을 때 같은 가속도로 떨어짐을 실험하였다. 이는 물체의 무게와는 무관하게 중력 가속도가 일정함을 의미하는 것이다. 갈릴레오(Galileo Galilei; 1564~1642)는 이러한 개념을 증명하였으며, 무거운 물체가 가벼운 물체보다 더 빨리 떨어진다는 기존의 아리스토텔레스(384~322 B.C.)의 생각을 반박하였다.

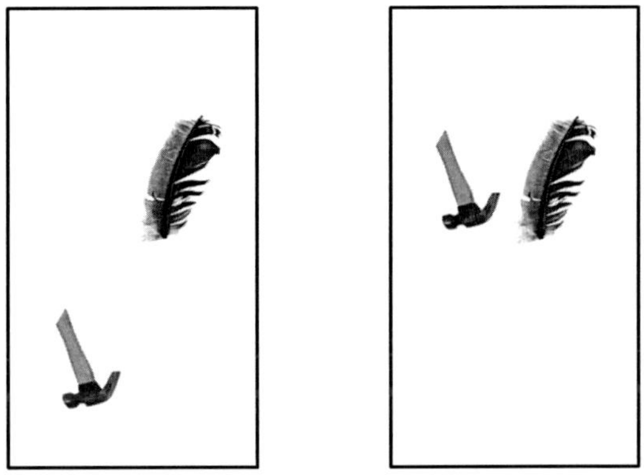

그림 2.7 공기와 진공에서의 망치와 깃털의 낙하

또한, 갈릴레오는 경사면에서 공을 아래로 굴려 일정 시간 간격마다 공이 움직인 거리를 측정하였다.

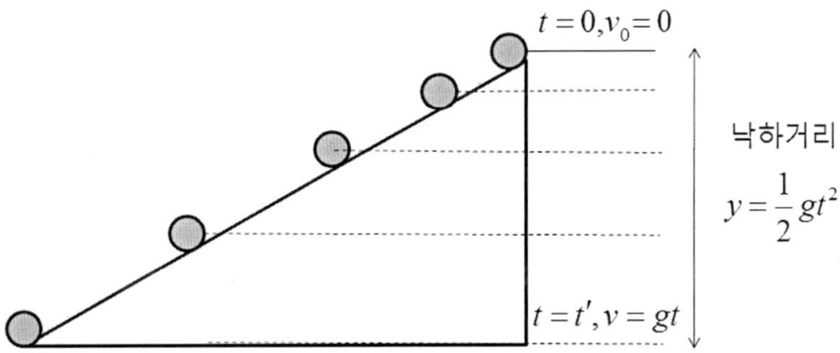

그림 2.8 갈릴레오의 경사면 실험

그리고 다음과 같이 낙하 거리가 낙하 시간의 제곱에 비례한다는 결론을 이끌어 내었다.

$$y=\frac{1}{2}gt^2 \tag{2.14}$$

여기서 g는 중력 가속도를 나타내며, 약 9.8m/s^2이다. 자유낙하하는 물체의 가속도는 중력에 의해서만 생기는 것이므로 일반적으로 사용되는 가속도 a와 구분하기 위해 g라는 문자를 사용하였다.

모든 자유낙하 물체는 처음 운동과 상관없이, 그리고 운동 방향에 무관하게 아래로 작용하며 항상 같은 중력 가속도를 받게 된다. 그러나 지구 표면에서 중력 가속도는 위치에 따라 조금씩 다르다. 이는 중력 가속도가 지구의 자전으로 인해 위도에 의존하며 고도에 따라 달라지기 때문이다. 만일 공기의 저항을 무시하고 중력 가속도가 고도에 따라 변하지 않는다면 자유낙하 물체의 수직 운동은 1차원 등가속도 운동과 같다. 따라서 자유낙하 운동은 2.5절에서 전개된 등가속도 운동 방정식들을 적용하여 해석할 수 있다.

예제 2.9 정지 상태에서 자유낙하한지 10초가 지났을 때 물체의 속력은 얼마인가? 단 중력 가속도는 9.8m/s^{2}이다.

풀이 $v = gt$이므로 10초 후 물체의 속력은 $v = 9.8 \cdot (10) = 98\,\text{m/s}$이다. ■

예제 2.10 사과가 나무에서 0.5초 만에 땅에 떨어졌다. 이때 사과의 속력은 얼마인가? 또한, 0.5초 동안의 평균 속력은 얼마인가? 사과가 나무에 달려 있을 때 사과의 높이는 지면으로부터 얼마나 되는가? 단, 중력 가속도는 9.8m/s^{2}이다.

풀이 사과가 나무에서 0.5초 만에 땅에 떨어졌을 때 사과의 속력은

$$v = gt = 9.8 \cdot (0.5) = 4.9\,\text{m/s}$$

이다.

그리고 0.5초 동안의 평균 속력은

$$\bar{v} = \frac{v_0 + v}{2} = \frac{0 + 4.9}{2} = 2.45\text{m/s}$$

가 된다.

또한, 사과의 높이는 0.5초 동안 사과가 낙하한 거리와 같으므로

$$y = \frac{1}{2}gt^2 = \frac{1}{2}(9.8)(0.5)^2 = 1.225\text{m}$$

이다. ■

연습문제

1. 방망이로 야구공을 쳤을 때 공의 속도가 서쪽 방향 120km/h에서 동쪽 방향 135km/h로 바뀐다. 공의 속력 변화는 얼마인가? 또한, 공의 속도 변화는 얼마인가?

2. 정지 상태에서 10초 만에 속력이 90km/h로 증가한 자동차가 있다. 이 자동차의 평균 가속도는 얼마인가?

3. 물체가 x축을 따라 움직인다. 물체의 위치는 식 $x=-2+2t+5t^2$으로 주어진다. 여기서 x의 단위는 m이고, t의 단위는 s이다. 물체의 방향이 바뀔 때의 위치와 $t=0$에서의 위치로 되돌아 올 때 물체의 속도를 구하라.

4. 연직 위 방향으로 던진 공이 5초 만에 되돌아오기 위한 공의 속력은 얼마인가? 단, 공기의 저항은 무시하며, 중력 가속도는 10m/s^2로 한다.

5. 높이가 54.6m인 피사의 사탑 꼭대기에서 어떤 물체를 떨어뜨렸을 때 땅에 떨어질 때까지 걸리는 시간은 얼마인가? 그리고 최대 속력은 얼마인가?

6. 아래의 그림은 시간에 따른 물체의 위치 변화를 나타낸 것이다. 속도 그래프를 나타내어라.

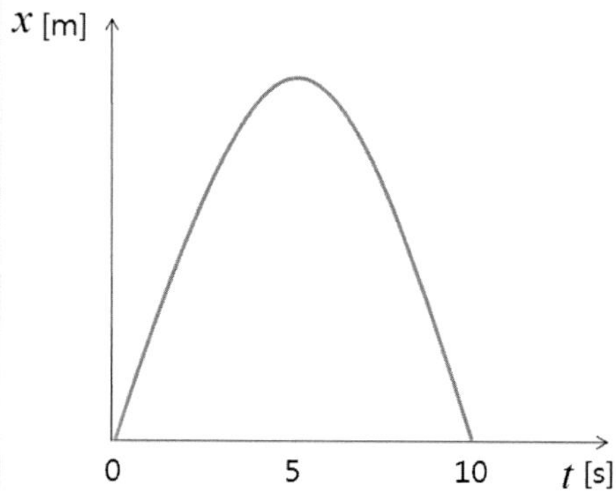

7. 도로를 달리고 있는 자동차의 속도가 시간에 따라 그림과 같이 변한다. 아래의 물음에 답하라.

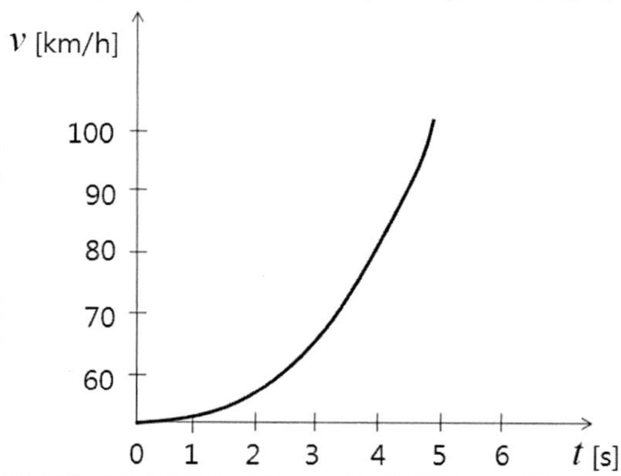

(a) $t=0$과 $t=5$초에서의 속도는 얼마인가?

(b) 처음 5초 동안의 평균 가속도는 얼마인가?

(c) $t=3$초에서의 가속도(순간 가속도)는 얼마인가?

제 3 장

2차원 운동

1. 좌표계
2. 벡터 연산
3. 벡터의 분해
4. 2차원 등가속도 운동
5. 포물체 운동

3.1 좌표계

2장에서 물체의 운동을 기술하려면 시간 변화에 따른 물체의 위치를 표현해야 하며, 이때 반드시 기준이 되는 좌표계를 사용하여야 함을 설명하였다. 이 장에서는 가장 많이 사용되는 좌표계에 대해 설명한다.

평면상의 한 점을 표시하기 위해 자주 사용되는 좌표계로는 직교 좌표계와 극좌표계가 있다. 직교 좌표는 카테시안 좌표라고도 하며, 그림 3.1과 같이 한 점을 (x, y)로 표시한다.

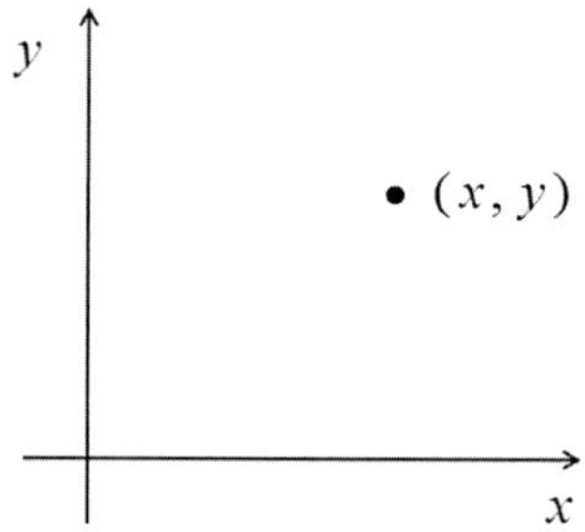

그림 3.1 직교 좌표계

극좌표는 그림 3.2와 같이 원점 (0,0)으로부터 한 점의 위치 (x, y)까지의 거리 r과 원점에서 (x, y)까지 그은 선과 x축 사이의 각도 θ로 표시한다. 따라서 직교 좌표 (x, y)는 극좌표 (r, θ)로 표현할 수 있다. 여기서 각도 θ는 일반적으로 양의 x축을 기준으로 반시계 방향으로 측정한다.

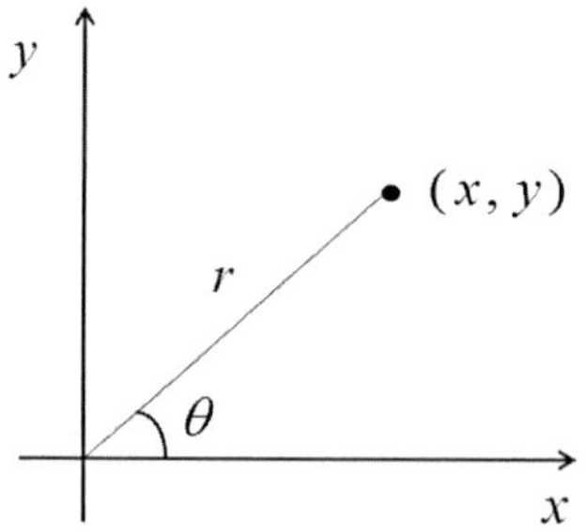

그림 3.2 극 좌표계

그림 3.2로부터 한 점 $(x,\ y)$에서 x축에 수선을 내리면 다음과 같이 직교 좌표와 극좌표의 관계식이 유도된다.

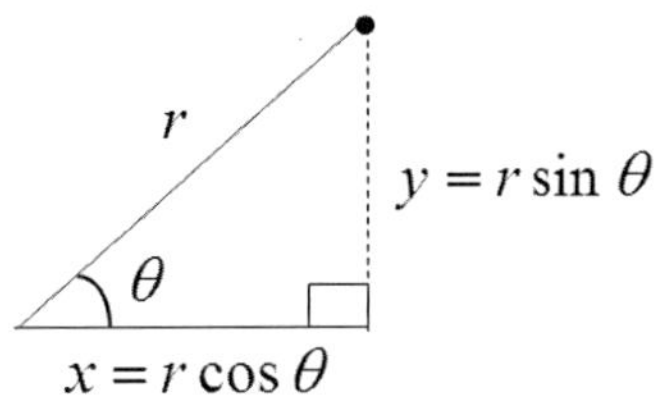

$$x = r\cos\theta \tag{3.1}$$

$$y = r\sin\theta \tag{3.2}$$

또는

$$\theta = \tan^{-1}\left(\frac{y}{x}\right) \tag{3.3}$$

$$r = \sqrt{x^2 + y^2} \tag{3.4}$$

예제 3.1 한 점의 직교 좌표가 주어질 때 극좌표를 구하라.

(a) P(3, 4) (b) Q(−3, 4) (c) R(−3, −4) (d) S(3, −4)

풀이 주어진 좌표를 직교 좌표계에 나타내면 아래의 그림과 같다.

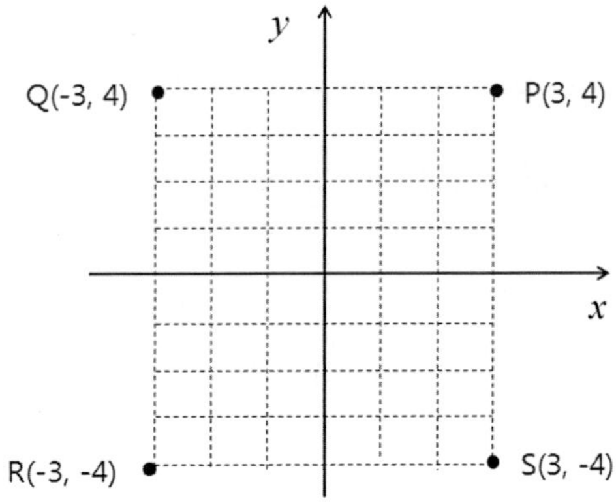

그림의 원점에서 각 좌표까지의 거리는 모두 $r = \sqrt{(3^2 + 4^2)} = 5$이다. 그

러나 θ는 양의 x축과 반시계 방향으로 이루는 각이므로 네 가지 모두 다르다.

즉, P(3, 4)의 경우 $\theta_P = \tan^{-1}\left(\frac{4}{3}\right) = 53.13^\circ$

Q(−3, 4)의 경우 $\theta_Q = 180^\circ - \theta_P = 180^\circ - 53.13^\circ = 126.87^\circ$

R(−3, −4)의 경우 $\theta_R = 180^\circ + \theta_P = 180^\circ + 53.13^\circ = 233.15^\circ$

S(3, −4)의 경우 $\theta_S = 360^\circ - \theta_P = 360^\circ - 53.13^\circ = 306.85^\circ$

또는 -53.15° 이다. ■

3.2 벡터 연산

2장에서 설명한 바와 같이 물체의 이동 거리, 속력 등은 크기만을 갖는 스칼라량이며, 변위, 속도, 가속도는 크기와 방향을 모두 가지는 벡터량이다. 일반적으로 스칼라와 벡터를 구분하기 위해 벡터는 $\boldsymbol{A}$와 같이 볼드체로 표시하거나 $\vec{A}$와 같이 화살표를 이용한다. 이때 벡터의 크기는 A 또는 $|\boldsymbol{A}|$로 표시한다. 이 교재에서는 화살표를 이용하여 벡터를 표시하도록 한다.

만일 두 물리량이 모두 스칼라량을 갖는다면 일반적인 사칙연산을 이용하여 계산할 수 있다. 그러나 물리량이 모두 벡터량이라면 방향을 고려해야 하므로 단순한 수치 연산만으로는 계산할 수 없다. 만일 자동차가 동쪽으로 300m, 그리고 계속해서 남쪽을 향해 400m를 갔다면 출발점으로부터 얼마나 멀리 떨어져 있으며 어느 방향에 있겠는가?

이 절에서는 벡터량의 연산 방법에 대해 살펴보고, 이 질문에 대한 해답을 살펴보기로 한다.

3.2.1 동치 연산

두 벡터 $\vec{A}$와 $\vec{B}$의 크기와 방향이 같을 때 두 벡터는 서로 동치라고 한다. 따라서 그림 3.3과 같이 두 벡터는 벡터 $\vec{A}$를 공간상에 평행 이동하면 크기 및 방향이 모두 같으므로 서로 동치이다.

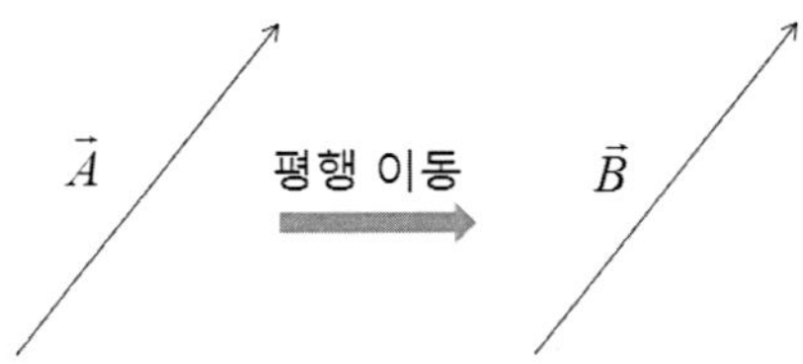

그림 3.3 벡터의 동치

3.2.2 음 연산

벡터 $\overrightarrow{A}$의 음 연산이란 그림 3.4와 같이 크기는 같지만 방향이 서로 반대인 음 벡터를 의미하며, $-\overrightarrow{A}$로 표기한다.

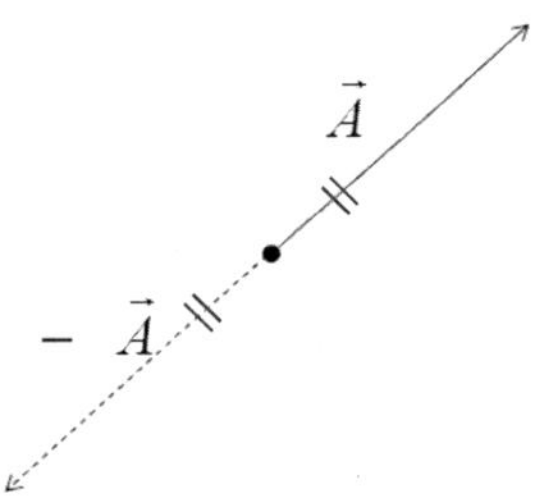

그림 3.4 벡터의 음 벡터

3.2.3 벡터의 합 연산

벡터의 합을 구하는 가장 일반적인 방법으로는 삼각형법이 있다. 이 방법은 두 벡터의 합 $\overrightarrow{A}+\overrightarrow{B}$을 구할 때 그림 3.5와 같이 벡터 $\overrightarrow{A}$의 머리에 벡터 $\overrightarrow{B}$를 평행 이동시켜 꼬리를 이어 붙인 후 $\overrightarrow{A}$의 꼬리에서 벡터 $\overrightarrow{B}$의 머리까지 이어준 벡터를 그리면 된다.

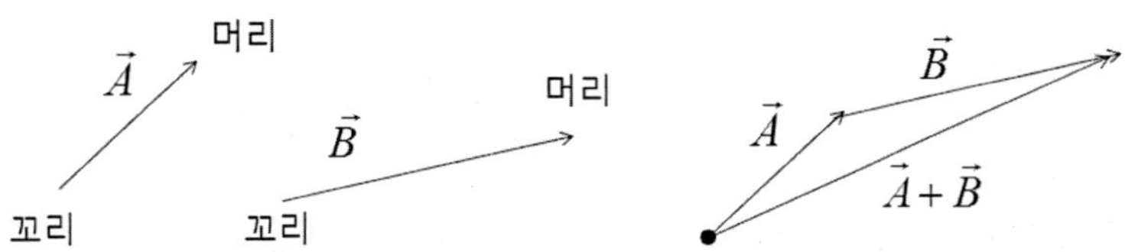

그림 3.5 두 벡터의 덧셈을 위한 삼각형법

두 벡터의 덧셈은 그림 3.6과 같이 교환 법칙이 성립한다. 그림 3.5의 결과와 비교해 보면 길이와 방향이 동일함을 알 수 있다.

$$\vec{A}+\vec{B}=\vec{B}+\vec{A} \quad \text{(교환법칙)} \tag{3.5}$$

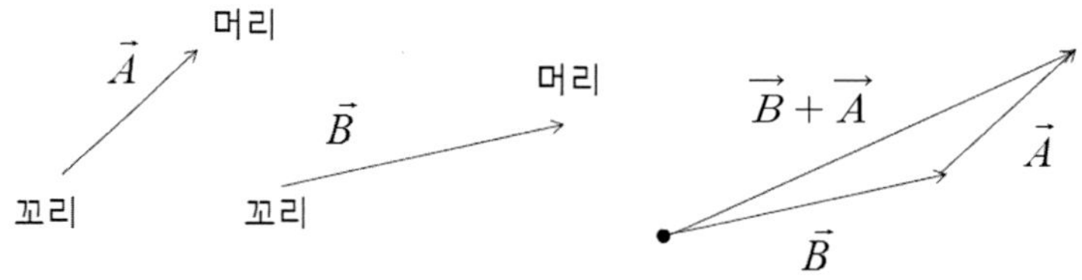

그림 3.6 덧셈의 교환법칙

또한, 세 벡터의 합은 그림 3.7과 같이 더하는 순서와 무관하며, 이를 결합법칙이라 한다.

$$\vec{A}+(\vec{B}+\vec{C})=(\vec{A}+\vec{B})+\vec{C} \quad \text{(결합법칙)} \tag{3.6}$$

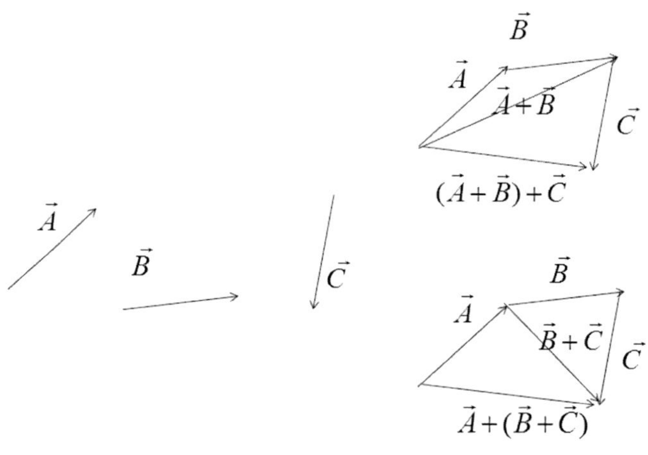

그림 3.7 덧셈의 결합법칙

이제 이 절의 시작 부분에서 제시한 문제를 풀어보기로 하자. 그림 3.8은 자동차가 임의의 한 점에서 출발하여 동쪽으로 300m를 가고, 계속해서 남쪽으로 400m를 갔을 때 자동차가 이동한 경로를 그림으로 보인 것이다.

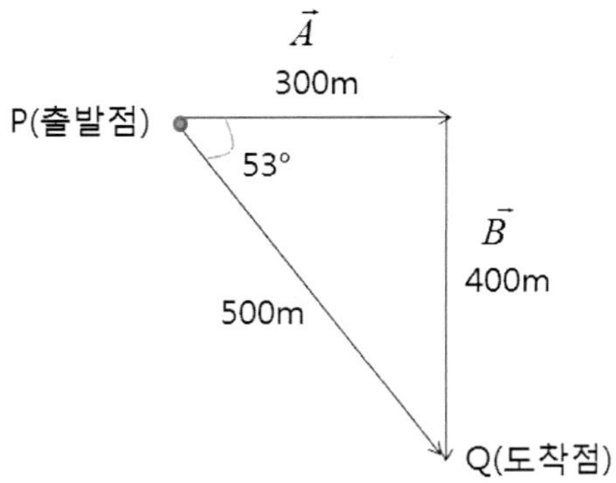

그림 3.8 자동차의 이동 경로와 변위

이때 처음 동쪽으로 향한 것은 벡터 $\vec{A}$, 다음 남쪽을 향해 걸어간 것은 벡터 $\vec{B}$로 표시하였다. 동쪽에서 남쪽으로 이동한 자동차는 결국 Q점에 도착하게 된다. 따라서 출발점에서 Q점까지 이어준 변위 벡터를 만들면 결국 자동차는 동남쪽으로 약 53° 만큼 500m 이동한 것과 같다.

■ 평행사변형법

두 벡터의 합을 구하는 또 다른 방법으로 평행사변형법이 있다. 이 방법은 그림 3.9와 같이 먼저 두 벡터 $\vec{A}$와 $\vec{B}$의 꼬리를 함께 이어준다. 그리고 $\vec{A}$와 $\vec{B}$에 평행한 벡터로부터 평행사변형을 만들면 이의 대각선 벡터가 합 벡터가 된다.

그림 3.9 두 벡터의 덧셈을 위한 평행사변형법

3.2.4 벡터의 뺄셈 연산

두 벡터 $\vec{A}-\vec{B}$의 연산은 식 (3.7)과 같이 벡터 $\vec{A}$에 음 벡터 $\vec{B}$를 더한 것과 같다. 그림 3.10은 평행사변형법을 이용하여 연산 결과를 나타낸 것이다.

$$\vec{A} - \vec{B} = \vec{A} + (-\vec{B}) \tag{3.7}$$

그림 3.10 벡터의 뺄셈

3.2.5 벡터와 스칼라의 곱

벡터에 스칼라량을 곱하면 방향은 같고 벡터의 크기만 바뀌게 된다. 예를 들어, 벡터 $\vec{A}$에 스칼라량 m을 곱하면, 벡터 $\vec{A}$와 같은 방향을 갖고 크기는 mA인 벡터가 되는 것이다.

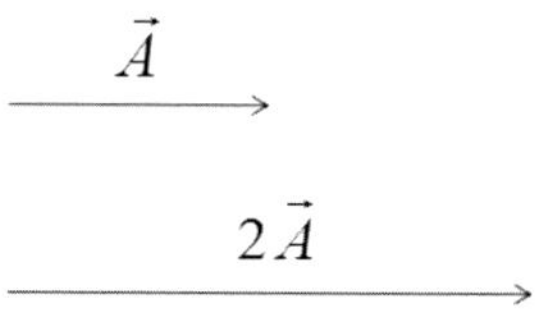

그림 3.11 벡터 $\vec{A}$와 스칼라 2의 곱 벡터

예제 3.2 다음과 같이 두 벡터 $\vec{A}$, $\vec{B}$가 주어질 때, 각 연산 결과를 그림으로 도시하라.

(a) $\vec{A} + 2\vec{B}$ (b) $\vec{A} - 2\vec{B}$ (c) $-\vec{A} - 2\vec{B}$

풀이 평행사변형법을 이용하여 벡터 연산을 하면 아래의 그림과 같다.

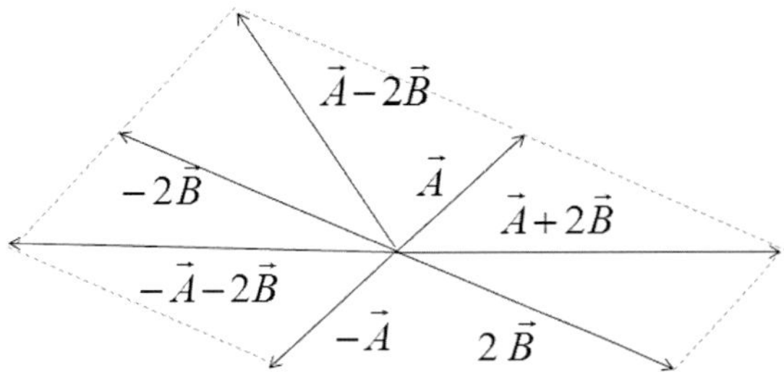

■

3.3 벡터의 분해

3.3.1 벡터의 성분

3.2절에서 설명했던 삼각형법 또는 평행사변형법은 1차원 운동의 해석은 용이하나 2차원 또는 3차원 물체의 운동을 다루기에는 부적합하다. 이러한 경우 벡터를 단위 벡터들의 합으로 성분 분해하여 해석하는 것이 효율적이다.

평면상의 벡터는 2개의 벡터로 분해할 수 있으며 분해된 두 벡터를 그 벡터의 성분이라고 한다. 모든 벡터는 그 성분으로 기술할 수 있다.

그림 3.12는 벡터 $\overrightarrow{A}$를 분해하는 과정을 보인 것이다. 이때 벡터 $\overrightarrow{A}$는 양의 x축과 각 θ를 이루고 있다고 가정한다.

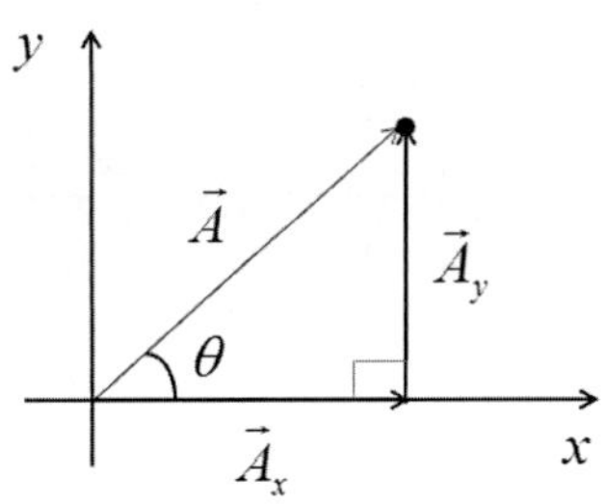

그림 3.12 벡터의 분해

두 성분 벡터 $\overrightarrow{A_x}$와 $\overrightarrow{A_y}$는 벡터 $\overrightarrow{A}$의 꼬리에서 x축 및 y축에 각각 수선을 내려 구할 수 있으며, 벡터 $\overrightarrow{A}$는 삼각형법에 의해 이 두 벡터의 합으로 표시할 수 있음을 알 수 있다.

$$\overrightarrow{A} = \overrightarrow{A_x} + \overrightarrow{A_y} \tag{3.8}$$

또한, 삼각함수의 정의로부터 두 성분 벡터의 크기 A_x와 A_y는 다음과 같다.

$$A_x = A\cos\theta \tag{3.9}$$

$$A_x = A\sin\theta \tag{3.10}$$

벡터 $\overrightarrow{A}$의 크기와 각도 θ는 두 성분 벡터의 크기 A_x와 A_y와 다음의 관계가 있다.

$$A = \sqrt{A_x^2 + A_y^2} \tag{3.11}$$

$$\theta = \tan^{-1}\left(\frac{A_y}{A_x}\right) \tag{3.12}$$

예제 3.3 크기가 10이며, x축과 60°의 각도를 이루는 벡터 $\overrightarrow{A}$가 있다. 성분 벡터의 크기 A_x와 A_y를 구하라.

풀이 벡터 $\overrightarrow{A}$를 xy 평면상에 도시하면 그림과 같다.

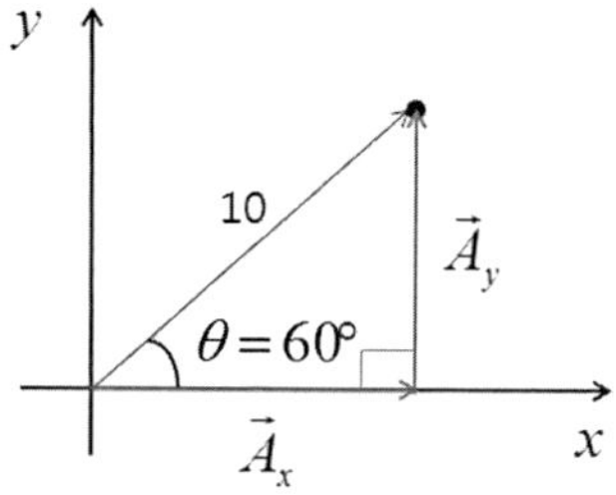

식 (3.9)와 (3.10)으로부터 $A_x = A\cos\theta = 10\cos 60° = 5$

$$A_y = A\sin\theta = 10\sin 60° = 8.66$$

임을 알 수 있다. ■

예제 3.4 벡터 $\vec{A}$의 성분 벡터 A_x와 A_y가 각각 3, −4일 때 벡터 $\vec{A}$를 도시하고 그 크기와 각도를 구하라.

풀이 주어진 성분 벡터를 xy 평면상에 도시하면 그림과 같다.

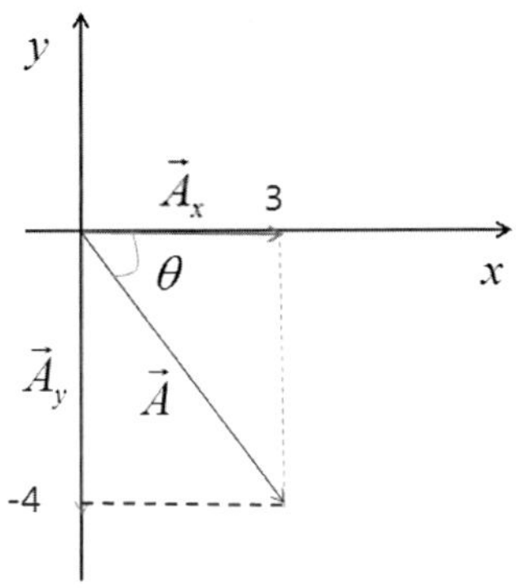

식 (3.11)과 (3.12)로부터 벡터 $\vec{A}$의 크기는 $A=\sqrt{A_x^2+A_y^2}=5$이며, $\vec{A}$는 4사분면에 위치하므로 $\theta=360^\circ-\tan^{-1}\left(\frac{4}{3}\right)=306.87^\circ$ 또는 -53.13° 이다. ■

3.3.2 성분에 의한 벡터 연산

앞 절에서 벡터는 성분 벡터로 분해할 수 있으며, 각 성분 벡터의 크기와 각도를 구할 수 있었다. 이러한 성분 벡터는 단위 벡터를 이용하여 표현할 수 있다.

단위 벡터(unit vector)란 크기가 1인 벡터이며, 벡터의 방향을 표시하기 위해 사용된다. 이때 직교 좌표의 단위 벡터로서 주로 $\hat{i}$ $\hat{j}$, $\hat{k}$ 등을 사용하며 각각 양의 x, y, z축 방향을 나타낸다.

따라서 벡터 $\vec{A}$가 xy 평면상에 있을 때 성분 벡터 $\overrightarrow{A_x}$와 $\overrightarrow{A_y}$는 각각 $A_x\hat{i}$, $A_y\hat{j}$로 나타낼 수 있으며, 식 (3.8)을 이용하여 벡터 $\vec{A}$를 다르게 표현하면

$$\vec{A}=A_x\hat{i}+A_y\hat{j} \tag{3.13}$$

가 된다.

벡터 연산시 성분 분해를 이용하면 같은 성분 간의 연산이 가능하므로 계산이

간단해진다. 즉, 두 벡터의 합 $\vec{A}+\vec{B}$는 벡터 $\vec{A}$의 x와 y 성분을 벡터 $\vec{B}$의 x와 y 성분끼리 각각 더한 후 합한 것과 같다.

그림 3.13은 평행사변형법 및 성분 분해를 이용한 두 벡터의 덧셈을 보인 것이며, 동일한 합 벡터를 가짐을 알 수 있다.

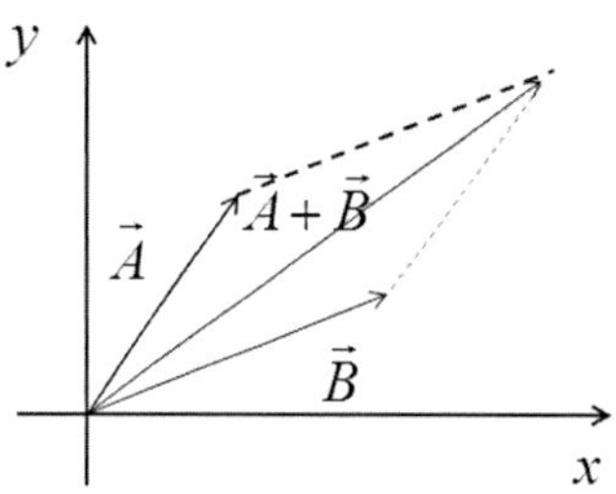

(a) 평행사변형법을 이용한 덧셈

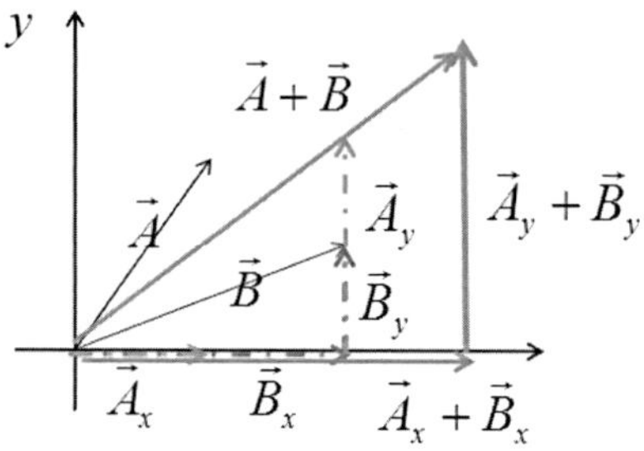

(b) 성분 분해를 이용한 덧셈

그림 3.13 두 벡터의 덧셈법

결과적으로 두 벡터의 합 $\vec{A}+\vec{B}$는

$$\begin{aligned}\vec{A}+\vec{B} &= (A_x\hat{i}+A_y\hat{j})+(B_x\hat{i}+B_y\hat{j}) \\ &= (A_x+B_x)\hat{i}+(A_y+B_y)\hat{j}\end{aligned} \tag{3.14}$$

가 된다. 따라서 합성 벡터 $\vec{A}+\vec{B}$의 크기와 각도는 각각 다음과 같다.

$$|\vec{A}+\vec{B}| = \sqrt{(A_x+B_x)^2+(A_y+B_y)^2} \tag{3.15}$$

$$\theta = \tan^{-1}\left(\frac{A_y+B_y}{A_x+B_x}\right) \tag{3.16}$$

예제 3.5 그림과 같이 두 벡터 $\vec{A}$, $\vec{B}$가 xy 평면상에 위치해 있다고 가정하자. $\vec{A}+2\vec{B}$에 대해 성분 분해를 이용하여 벡터 연산하라.

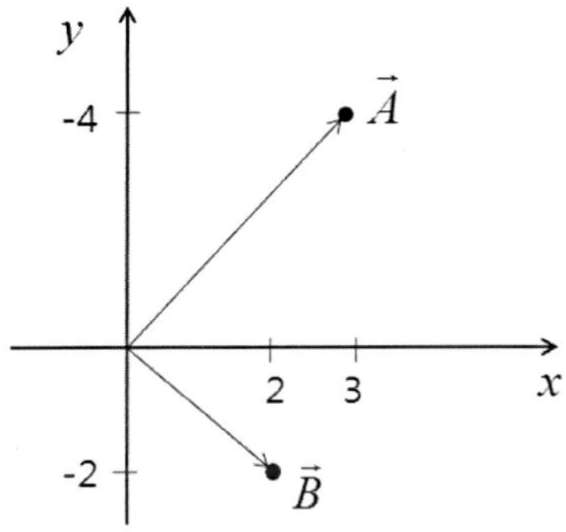

풀이 두 벡터를 각각 단위 벡터를 이용하여 표현하면 $\vec{A}=3\vec{i}+4\vec{j}$, $\vec{V}=2\vec{i}-2\vec{j}$이다. 따라서

$$\vec{A}+2\vec{B}=(3\vec{i}+4\vec{j})+2(2\vec{i}-2\vec{j})=\vec{7i}$$

가 되어 x 성분만 가지게 된다. 이는 아래와 같이 평행사변형법을 이용한 벡터 연산의 결과와도 동일함을 알 수 있다.

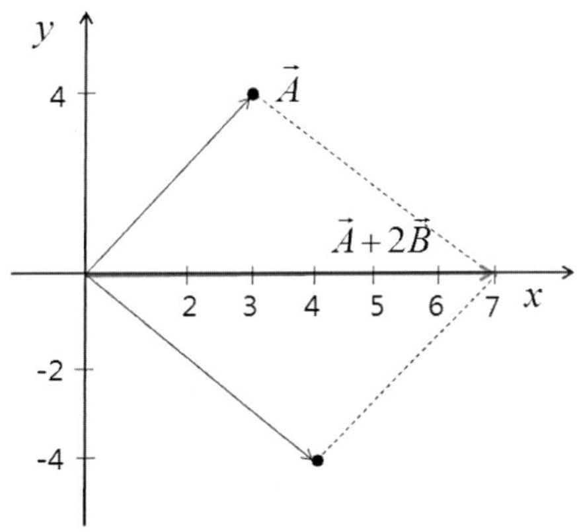

■

3.4 2차원 등가속도 운동

2장에서는 1차원 등가속도 운동에 대해 살펴보고 다양한 등가속도 운동 방정식을 유도하였다. 벡터가 성분 분해를 통해 쉽게 연산되고 해석될 수 있듯이, 2차원 등가속도 운동은 1차원 등가속도 운동을 x, y 방향으로 성분 분해함으로써 쉽게 해석될 수 있다.

xy 평면에서 운동하는 물체의 위치 벡터 $\vec{r}$은 다음과 같이 쓸 수 있다.

$$\vec{r} = x\vec{i} + y\vec{j} \tag{3.17}$$

따라서 물체의 속도(순간속도)는 정의에 의해 다음과 같다.

$$\vec{v} = \frac{d\vec{r}}{dt} = \frac{dx}{dt}\vec{i} + \frac{dy}{dt}\vec{j} = v_x\vec{i} + v_y\vec{j} \tag{3.18}$$

식 (2.9)의 1차원 등가속도 운동 방정식을 식 (3.18)에 적용하면 임의의 시간 t 일 때 나중 속도 $\overrightarrow{v_f}$는 다음과 같다.

$$\begin{aligned} \overrightarrow{v_f} &= (v_{x0} + a_x t)\vec{i} + (v_{y0} + a_y t)\vec{j} \\ &= (v_{x0}\vec{i} + v_{y0}\vec{j}) + (a_x\vec{i} + a_y\vec{j})t \\ &= \overrightarrow{v_0} + \vec{a}t \end{aligned} \tag{3.19}$$

또한, 식 (2.12)로부터 알 수 있듯이 등가속도로 운동하는 물체의 x와 y방향의 위치는 다음과 같다.

$$x = x_0 + v_{x0}t + \frac{1}{2}a_x t^2 \tag{3.20}$$

$$y = y_0 + v_{y0}t + \frac{1}{2}a_y t^2 \tag{3.21}$$

이를 식 (3.17)에 대입하면 임의의 시간 t에서의 위치 벡터 $\vec{r}$에 대한 식을 얻을 수 있다.

$$\begin{aligned} \vec{r} &= x\vec{i} + y\vec{j} \\ &= (x_0 + v_{x0}t + \frac{1}{2}a_x t^2)\vec{i} + (y_0 + v_{y0}t + \frac{1}{2}a_y t^2)\vec{j} \end{aligned} \tag{3.22}$$

이러한 개념은 나머지 등가속도 운동 방정식에도 적용되며, 3차원 운동에도 확장하여 적용할 수 있다.

3.5 포물체 운동

육상 경기에서 창던지기, 야구 경기장에서 타자가 친 공, 그리고 책상에서 굴러 떨어지는 공 등은 모두 포물선 운동을 한다. 공기 저항이 없을 때 포물선을 그리며 날아가는 물체에는 중력만이 작용한다. 따라서 포물선 운동은 수평 방향으로는 등속 운동, 수직 방향으로는 등가속도 운동을 하게 된다. 이때 공이 너무 높게 뜨게 되면 멀리 날아가지 못하고, 특정 각도로 날아가면 원하는 곳에 떨어지게 된다. 이와 같이 처음에 얼마의 속도와 각도로 물체가 던져지느냐에 따라 운동의 결과는 달라지게 된다.

그림 3.14와 같이 원점에서 초기 속력 v_0로 공을 던졌다고 가정하자. 만일 중력이 없다면 공은 점선과 같은 직선 경로를 따라 운동하게 되나 실제로는 중력으로 인해 포물선의 경로를 따라 아래로 계속 떨어지게 된다. 따라서 앞서 설명한 바와 같이 공기 저항을 무시하면 포물선 운동은 수평 방향으로 $a_x = 0$, 수직 방향으로 $a_y = -g$이 된다.

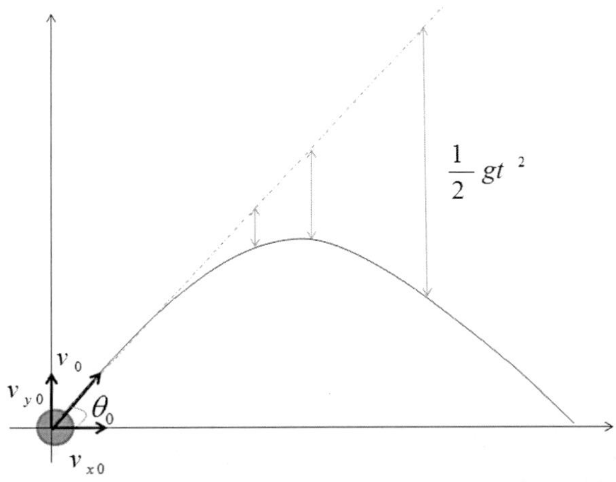

그림 3.14 포물체 운동

그림에서 알 수 있듯이 초기 속력 v_0가 x축과 θ_0의 각을 이루고 있으므로 처음 속력의 x축과 y축 방향의 성분 벡터는 다음과 같다.

$$v_{x0} = v_0 \cos\theta_0, \quad v_{y0} = v_0 \sin\theta_0 \tag{3.23}$$

따라서 식 (2.7)로부터 x축과 y축 방향의 나중 속도 v_{xf}, v_{yf}는 다음과 같다.

$$v_{xf} = v_{x0} + a_x t,\ v_{yf} = v_{y0} + a_y t = v_{y0} - gt \tag{3.24}$$

또한, 공이 던져진 초기 위치를 (0,0)이라 할 때 식 (3.20)에 식 (3.23)과 $x_i = 0$, 그리고 $a_x = 0$을 대입하면 다음과 같다.

$$x = v_{x0} t = (v_0 \cos\theta_0) t \tag{3.25}$$

마찬가지로 수직 방향으로는 등가속도 운동이므로 식 (3.21)에 식 (3.23)과 $y_i = 0$, 그리고 $a_y = -g$를 대입하면 다음을 얻는다.

$$y = y_0 + v_{y0} t + \frac{1}{2} a_y t^2 = (v_0 \sin\theta_0) t - \frac{1}{2} g t^2 \tag{3.26}$$

이 식으로부터 알 수 있는 사실은 점선 상의 한 점에서 아래 방향으로 떨어진 수직 거리는 같은 시간 동안 공이 자유낙하 했을 때의 이동 거리와 같다. 따라서 점선 아래로 떨어진 수직 거리는 $\frac{1}{2} g t^2$이다.

식 (3.25)와 (3.26)에서 t를 소거하면

$$y = (\tan\theta_0) x - \left(\frac{g}{2 v_0^2 \cos^2\theta_0} \right) x^2 \tag{3.27}$$

가 되어 물체의 운동 경로는 포물선이라는 것을 알 수 있다.

이제 그림 3.15와 같이 공이 가장 높이 도달하게 되는 최고점의 높이 h와 땅에 떨어졌을 때의 수평 거리 R을 구해보자.

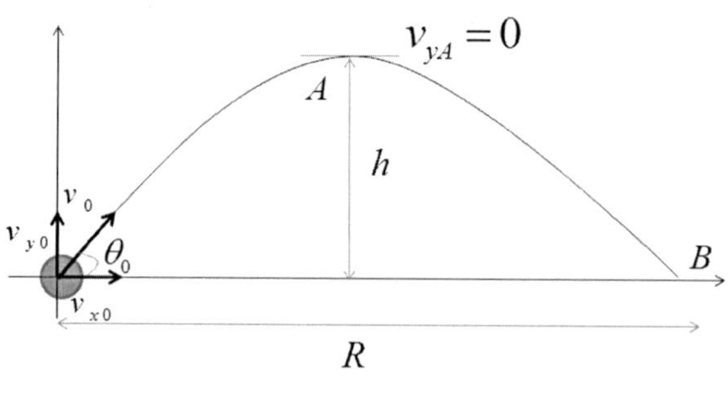

그림 3.15 포물체 운동에서 최고점과 수평거리

먼저 최고점의 높이 h는 최고점에서 속도가 영($v_{yA}=0$)이다. 따라서 식 (3.23), 식 (3.24)로부터 물체가 최고점에 도달한 시간 t_A를 결정할 수 있다.

$$t_A = \frac{v_0 \sin\theta_0}{g} \tag{3.28}$$

이를 식 (3.26)에 대입하고 y를 h로 바꾸면

$$h = \frac{v_0^2 \sin^2\theta_0}{2g} \tag{3.29}$$

가 된다.

또한, 수평 거리 R은 공이 최고점까지 도달하는데 걸린 시간의 2배, 즉 $t_B = 2t_A$ 동안 움직인 거리이다. 따라서 식 (3.25)의 t에 $2t_A$를 대입하고 $x_B = R$로 두면

$$R = \frac{2v_0^2 \sin\theta_0 \cos\theta_0}{g} = \frac{v_0^2 \sin 2\theta_0}{g} \tag{3.30}$$

를 얻게 된다.

이 식으로부터 알 수 있는 것은 공이 땅에 떨어졌을 때 수평거리 R은 $\theta_0 = 45°$에서 최대가 되며, $R_{\max} = \dfrac{v_0^2}{g}$임을 의미한다. 그림 3.16은 같은 처음 속력은 같지만 발사각이 다른 여러 포물체의 궤적을 그린 것이다. 공기의 저항은 무시하였으므로 궤적은 모두 완전한 포물선 형태를 가진다.

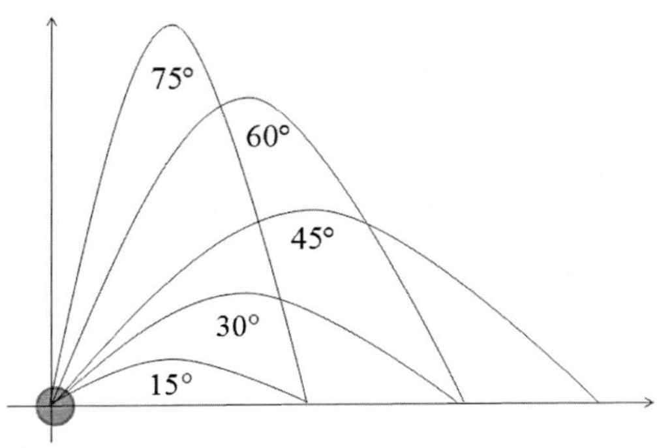

그림 3.16 발사 각도에 따른 수평 거리

앞서 설명한 바와 같이 $\theta_0 = 45°$일 때 수평 거리가 최대, 즉 가장 멀리 간다. 그러나 실제로는 공기 저항이 있으므로 48° 정도로 던져야 가장 멀리 날아가게 된다.

예제 3.6 한 소년이 5m 높이의 탑 위에서 수평 거리 20m 떨어진 곳으로 공을 수평 방향으로 던지려고 한다. 얼마의 속력으로 공을 던져야 할까? 단, 공기의 저항은 무시한다.

풀이 수평 거리에 도달하는 시간은 공이 중력에 의해 5m 낙하하는 시간과 같으므로 $\frac{1}{2}gt^2 = 5\text{m}$로부터 $t = 1$초가 된다. 즉, 수평 거리 20m를 운동하는데 걸린 시간이 1초라는 것을 의미한다. 따라서 공을 던지는 순간 공의 수평 성분의 속력은 $v_{x0} = \frac{R}{t} = 20\text{m/s}$이다. ■

연 습 문 제

1. 다음의 극좌표를 직교 좌표로, 직교 좌표를 극좌표 형식으로 변환하라.

   (a) 15.4m, 150°　　(b) 100cm, 60°

   (c) (10m, 20m)　　(d) (300cm, 500cm)

2. 자동차가 북쪽으로 20km 간 후에 다시 북서쪽 60°의 방향으로 4km를 갔다. 자동차의 합성 변위의 크기와 방향을 구하라.

3. $\vec{A}=3\vec{i}-2\vec{j}$, $\vec{B}=2\vec{i}-4\vec{j}$일 때,

   (a) $\vec{A}+\vec{B}$　　(b) $2\vec{A}-3\vec{B}$

   (c) $\vec{A}-\vec{B}$　　(d) $-\vec{A}+\vec{B}$

4. 예제 3.2의 문제를 단위 벡터를 이용하여 풀어라.

5. 수평면과 45°의 각을 이루며 141m/s의 속력으로 발사된 물체가 있다. 최고점에서의 속력은?

6. 그림과 같이 120m/s의 속력으로 수평하게 날고 있는 비행기에서 떨어뜨린 폭탄이 9초 만에 땅에 떨어져 폭발하였다.

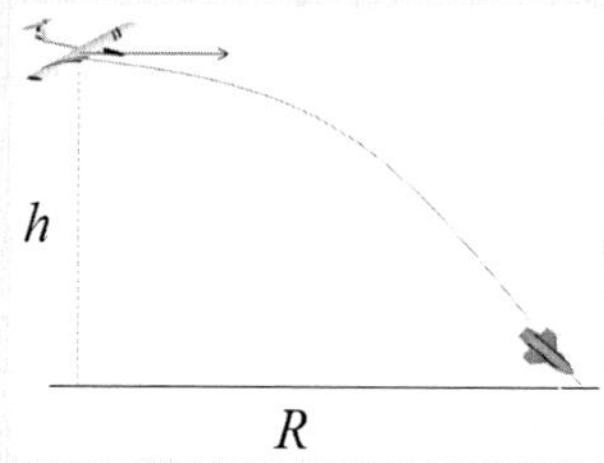

(a) 폭탄이 투하된 곳으로부터 땅에 도달할 때까지의 수평 도달 거리 R은 얼마인가?

(b) 폭탄이 바닥에 충돌할 때의 속력 v는 몇 m/s인가?

제4장

선운동량

4.1 운동량과 충격량

4.1.1 운동량

운동량은 질량을 가진 물체가 어느 정도의 속도를 내고 있는가를 의미한다. 즉, 질량이 m인 물체가 속도 $\vec{v}$로 운동할 때, 운동량 $\vec{p}$는 다음과 같이 정의된다.

$$\vec{p} = m\vec{v} \ [\mathrm{kg \cdot m/s}] \tag{4.1}$$

따라서 뚱뚱한 사람과 마른 사람이 같은 속도로 달릴 때 뚱뚱한 사람의 운동량이 더 크며, 같은 몸무게일지라도 빨리 달리는 사람의 운동량이 더 크다.

운동량이 크다는 것은 운동하는 물체의 관성이 크다는 것을 의미한다. 즉, 같은 속도일지라도 뚱뚱한 사람이 달려올 때 그 운동을 막기가 더 힘든 것과 같다.

4.1.2 충격량

운동량의 정의로부터 질량 또는 속도가 변하면 물체의 운동량은 변하게 됨을 알 수 있다. 그러나 운동량이 변하는 경우는 대부분 질량이 그대로이면서 속도가 변하는 경우이다. 즉, 가속도 운동을 하는 경우이다.

물체가 가속도 운동을 하는 원인은 힘이 작용하기 때문이다(뉴턴의 제 1법칙, $F = ma$). 즉, 물체에 작용하는 힘이 클수록 속도는 크게 변하게 되고, 이로 인해 물체의 운동량도 크게 변하게 된다.

힘이 가해지는 시간도 중요하다. 같은 힘이 가해지더라도 시간이 길수록 속도가 크게 변하므로 운동량 역시 더 크게 변한다. 따라서 작용하는 힘의 크기와 시간 모두 운동량을 크게 변화시키는 중요한 요소가 된다.

이때 작용한 힘 $\vec{F}$와 힘이 가해진 시간 Δt의 곱을 충격량이라 한다.

$$I = F\Delta t \tag{4.2}$$

여기서 I는 충격량을 의미하며, SI 단위는 N·s이다.

또한, 물체에 작용하는 충격량이 클수록 운동량은 크게 변하게 되므로 충격량과 운동량과의 관계는 다음과 같다.

$$\vec{I} = \Delta\vec{p} \tag{4.3}$$

또는

$$\vec{F}\Delta t = \Delta\vec{p} = \Delta(m\vec{v}) \tag{4.3}$$

이 식으로부터 운동량의 변화가 같다면, 즉 충격량이 같다면 힘이 가해지는 시간이 길수록 작용하는 힘은 약하고 시간이 짧을수록 작용하는 힘이 강함을 알 수 있다.

이러한 원리는 우리 주변의 일상생활에서 흔히 볼 수 있다. 투수가 던진 야구공을 받을 때 대개 공과 함께 팔이나 몸을 뒤로 움직이며 받는데, 이렇게 함으로써 공의 운동량의 변화, 즉 충격량은 같지만 작용하는 시간을 길게 함으로써 공을 정지시키기 위한 힘을 줄이는 것이다.

또한, 야구공에 두꺼운 옷을 입고 배를 맞든 머리를 맞든 운동량과 충격량은 같다. 그러나 뚱뚱한 사람이 두꺼운 옷을 입고 야구공에 배를 맞으면, 옷에 의해 공의 속도가 줄어들고 그 다음 배의 가죽에 의해 속도가 또 줄어들게 된다. 이렇게 공의 속도가 줄면서 몸에 닿는 시간이 길기 때문에 몸에 작용하는 힘은 작아지게 된다. 그러나 머리에 맞을 때는 흡수할 것이 없어 짧은 시간에 그대로 머리에 닿게 되므로 큰 힘이 작용하여 크게 다치게 된다. 야구 글러브를 끼고 공을 받을 때는 괜찮지만 맨손으로 공을 받으면 손이 많이 아픈 것도 이와 같은 이유에서이다.

예제 4.1 야구 선수가 150g의 공을 시속 150km로 빠르게 던졌다.

(a) 야구공의 운동량은 얼마인가?

(b) 이 공이 야구 배트에 맞아 반대 방향으로 시속 150km의 속도로 뻗어 나갔다면 충격량은 얼마인가?

(c) 배트에 접촉한 시간이 0.02초였다면 평균 타격력은 얼마인가?

풀이 (a) 야구공의 운동량은 $\vec{p}=m\vec{v}$이므로 150g × 150km/h = 6.25kg·m/s 이다.

(b) 충격량은 운동량의 변화, 즉 $\vec{I}=\Delta\vec{p}$이므로 6.25 − (−6.25) = 13.5N·s 이다.

(c) 평균 타격력 $F=\dfrac{I}{\Delta t}$이므로 13.5/0.02 = 625N이 된다. ■

4.2 운동량 보존 법칙

그림 4.1과 같이 질량 m_1, m_2인 물체가 속도 $\vec{v_1}$, $\vec{v_2}$로 운동한다고 가정하자.

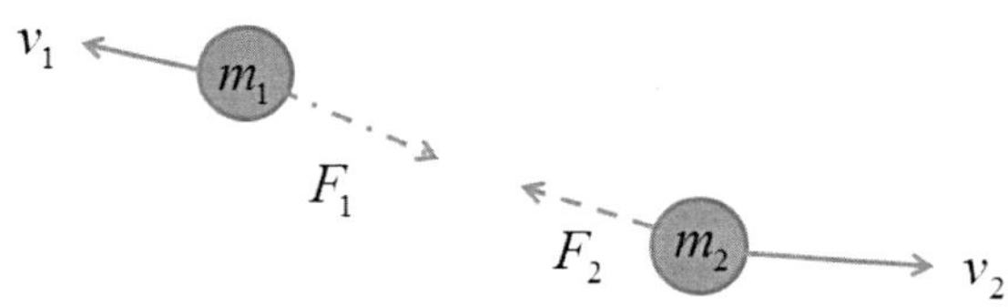

그림 4.1 두 물체에는 크기가 같고 방향이 반대인 힘이 작용한다.

외력이 작용하지 않는 고립계에서 두 물체는 뉴턴의 제3법칙(작용–반작용의 법칙)에 의해 다음의 관계가 성립한다.

$$\vec{F_1}=-\vec{F_2} \quad \text{또는} \quad \vec{F_1}+\vec{F_2}=0 \tag{4.4}$$

따라서 위의 식에 식 (4.3)을 적용하면

$$\frac{\Delta\vec{p_1}}{\Delta t}+\frac{\Delta\vec{p_2}}{\Delta t}=0 \quad \text{또는} \quad \frac{\Delta(\vec{p_1}+\vec{p_2})}{\Delta t}=0 \tag{4.5}$$

이다. 이는 외력이 작용하지 않을 때 다음 식과 같이 물체의 운동량의 합은 보존됨을 의미한다.

$$\vec{p_1}+\vec{p_2}=\vec{p'_1}+\vec{p'_2} \quad \text{또는} \quad m_1\vec{v_1}+m_2\vec{v_2}=m_1\vec{v'_1}+m_2\vec{v'_2} \tag{4.6}$$

여기서 $\vec{p}_1$, $\vec{p}_2$는 처음의 운동량, $\vec{p'}_1$, $\vec{p'}_2$는 나중의 운동량을 의미한다.

예제 4.2 5m/s의 속도로 날아가던 물체가 갑자기 폭발하여 두 조각이 난 후, 질량 1kg의 조각은 수평으로 30m/s의 속도로 날아갔다. 질량 2kg의 다른 조각은 어떻게 되겠는가?

풀이 물체가 폭발하여 두 조각으로 쪼개졌을 때 각 조각의 질량은 각각 1kg과 2kg이므로 폭발 전 물체의 질량은 3kg임을 알 수 있다. 또한, 물체가 폭발할 때 외력이 작용하지 않으므로 운동량 보존 법칙을 만족한다. 따라서 $3 \times 5 = 1 \times 30 + 2 \times v_2'$로부터 $v_2' = -7.5$m/s가 된다. 즉, 폭발 후 2kg의 조각은 1kg의 조각과 반대 방향으로 7.5m/s의 속력으로 날아간다. ■

4.3 충돌 형태의 분류

충돌이란 두 물체가 짧은 시간 동안 강한 상호작용을 하는 것을 의미한다. 만일 물체의 충돌 전후 외력이 작용하지 않는다면 운동량 보존 법칙이 성립될 것이다. 그러나 충돌의 경우에 따라 운동 에너지는 달라질 수가 있다. 이와 같이 운동 에너지의 보존 여부에 따라 충돌 문제는 탄성, 비탄성, 완전 비탄성 충돌로 분류된다.

4.3.1 탄성 충돌

탄성 충돌은 충돌할 때 물체들의 형태가 변하지 않고 열이나 소리가 발생하지 않는다. 따라서 충돌 전후의 운동 에너지는 보존된다.

탄성 충돌의 예로는 딱딱한 쇠공끼리 또는 당구공끼리의 충돌을 들 수 있다. 사실상 당구공이나 쇠공은 충돌 시 일부의 운동 에너지가 소리에너지로 변환되므로 탄성 충돌이라 볼 수 없으나 근사적으로 탄성 충돌로 간주된다.

그림 4.2와 같이 질량이 m_1, m_2인 물체가 속도 $\vec{v}_1$, $\vec{v}_2$로 운동한다고 하자. 만일 두 물체가 충돌하여 각각 $\vec{v'}_1$, $\vec{v'}_2$로 움직이고, 탄성 충돌이라 가정하면 다음의 두 식을 얻을 수 있다.

$$m_1v_1 + m_2v_2 = m_1v'_1 + m_2v'_2 \ : \text{운동량 보존 법칙} \tag{4.7}$$

(a) 충돌 전 (b) 충돌 후

그림 4.2 두 물체의 충돌 전과 충돌 후

$$\frac{1}{2}m_1v_1 + \frac{1}{2}m_2v_2 = \frac{1}{2}m_1v'_1 + \frac{1}{2}m_2v'_2 \quad : \text{운동 에너지 보존 법칙} \tag{4.8}$$

이때 물체의 질량과 초기 속도를 안다고 가정하면, 식 (4.7)과 (4.8)을 연립함으로써 충돌 후 두 물체의 속도를 구할 수 있다.

$$v'_1 = \left(\frac{m_1 - m_2}{m_1 + m_2}\right)v_1 + \left(\frac{2m_2}{m_1 + m_2}\right)v_2 \tag{4.9}$$

$$v'_1 = \left(\frac{2m_1}{m_1 + m_2}\right)v_1 + \left(\frac{m_2 - m_1}{m_1 + m_2}\right)v_2 \tag{4.10}$$

위의 식으로부터 몇 가지 흥미로운 사실을 발견할 수 있다.

첫 번째, $m_1 = m_2$이면 식 (4.9), (4.10)으로부터 $v_1' = v_2$, $v_2' = v_1$을 얻을 수 있다. 이는 충돌하는 두 물체의 질량이 같은 경우 충돌 후 각 물체의 속도는 상대방 물체의 초기 속도와 같음을 의미한다. 그림 4.3과 같이 어릴 적 구슬치기 놀이를 생각하면 쉽게 이해될 것이다. 즉, 같은 질량의 두 구슬이 충돌하면 처음과는 반대 방향으로 상대방의 속도로 굴러가게 되는 것이다.

(a) 충돌 전 (b) 충돌 후

그림 4.3 질량이 같은 물체가 서로 충돌하는 경우

두 번째, 질량이 m_2인 물체가 초기에 정지해 있다면 $v_2 = 0$이 되고, 이로부터 다음의 두 속도 식을 얻게 된다.

$$v'_1 = \left(\frac{m_1 - m_2}{m_1 + m_2}\right)v_1 \qquad (4.11)$$

$$v'_2 = \left(\frac{2m_1}{m_1 + m_2}\right)v_1 \qquad (4.12)$$

여기서 $m_1 = m_2$이면 식 (4.11), (4.12)로부터 $v_1' = 0, v_2' = v_1$이 된다. 이는 그림 4.4와 같이 질량이 같은 두 구슬이 있을 때, 구슬 한 개를 정지시키고 여기에 다른 구슬을 굴려 맞추면 정지해 있던 구슬은 튀어 나가고 굴러간 구슬은 그 자리에 정지하게 되는 현상과 같다.

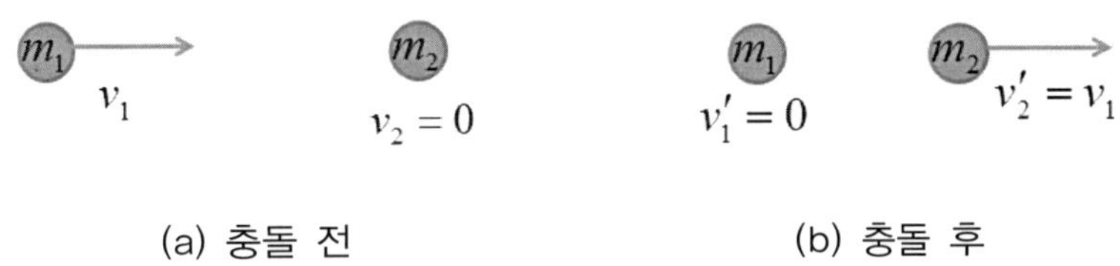

그림 4.4 정지한 물체에 질량이 같은 다른 물체가 충돌하는 경우

반면, $m_1 \gg m_2$이면 식 (4.11), (4.12)로부터 $v_1' = v_1$, $v_2' = 2v_1$이 된다. 이는 그림 4.5와 같이 질량이 큰 물체가 질량이 작은 정지한 물체와 충돌하는 경우 첫 번째 물체는 초기 속도로 운동하나, 두 번째 물체는 첫 번째 물체의 2배 속도로 운동함을 의미한다. 볼링공이 정지한 작은 구슬과 충돌하는 경우 볼링공은 처음 속도로 굴러가나 구슬은 2배의 빠른 속도로 튕겨 나가는 현상과 같다.

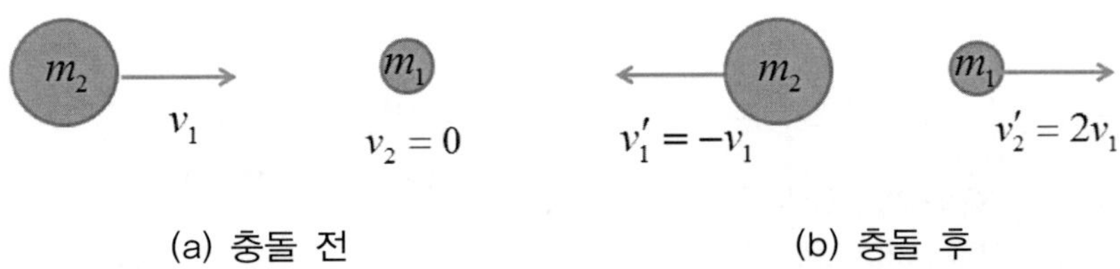

그림 4.5 질량이 작은 정지한 물체에 질량이 큰 물체가 충돌하는 경우

그러나 $m_1 \ll m_2$이면 $v_1' = -v_1$, $v_2' = 0$이 된다. 이는 그림 4.6과 같이 질량이 작은 물체가 질량이 큰 정지한 물체와 충돌할 경우 질량이 작은 물체는 초기 속도를 가지고 반대 방향으로 운동하며, 질량이 큰 정지한 물체는 정지 상태로 그대로

있음을 의미한다. 작은 구슬과 정지한 볼링공이 충돌하는 경우를 생각해 보면 쉽게 이해할 수 있을 것이다.

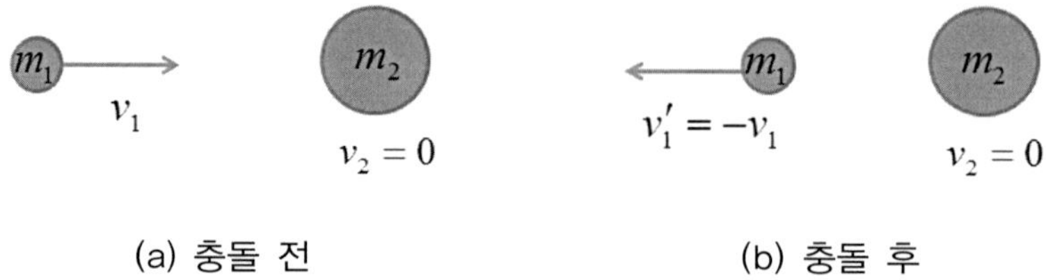

그림 4.6 질량이 큰 정지한 물체에 질량이 작은 물체가 충돌하는 경우

예제 4.3 처음 속력 4m/s로 달리던 에어 트랙 글라이더가 3배 무거운 정지해 있던 다른 글라이더에 부딪힌다. 탄성 충돌이라고 가정하고 충돌 후 두 글라이더의 속력과 방향을 구하라.

풀이 4m/s의 속력으로 달리는 에어 글라이더의 질량을 m_1이라 두면, 3배 무거운 다른 글라이더의 질량은 $m_2 = 3m_1$이다. 따라서 운동량 보존 법칙을 이용하면

$$m_1 \times 4 + 3m_1 \times 0 = m_1 \times v_1{}' + 3m_1 \times v_2{}' \quad ①$$

이 되고, 탄성 충돌이라 가정하면 운동 에너지가 보존되므로 다음의 식이 유도될 수 있다.

$$\frac{1}{2} \times m_1 \times 4^2 + \frac{1}{2} \times m_1 \times 0^2 = \frac{1}{2} \times m_1 \times v_1{}'^2 + \frac{1}{2} \times 3m_1 \times v_2{}'^2 \quad ②$$

식 ①, ②를 연립하여 풀면 두 글라이더의 속도는 각각 $v_1{}' = -2\text{m/s}$, $v_2{}' = 2\text{m/s}$이 된다. 따라서 질량 m_1의 글라이더는 처음과는 반대 방향으로 2m/s로 날아가고, 질량 m_2인 정지해 있던 글라이더는 질량 m_1의 글라이더와는 반대로 날아간다. ■

4.3.2 비탄성 충돌

대부분의 충돌은 대부분 비탄성 충돌에 해당한다. 비탄성 충돌 과정에서는 열과 소리가 발생하므로 그만큼 운동 에너지가 감소한다. 그러나 이 경우에도 운동량은 보존된다.

4.3.3 완전 비탄성 충돌

그림 4.7과 같이 질량 m_1, m_2인 물체가 속도 $\overrightarrow{v_1}$, $\overrightarrow{v_2}$로 운동한다고 할 때, 충돌 후 하나로 합쳐져 운동할 때를 완전 비탄성 충돌이라 한다.

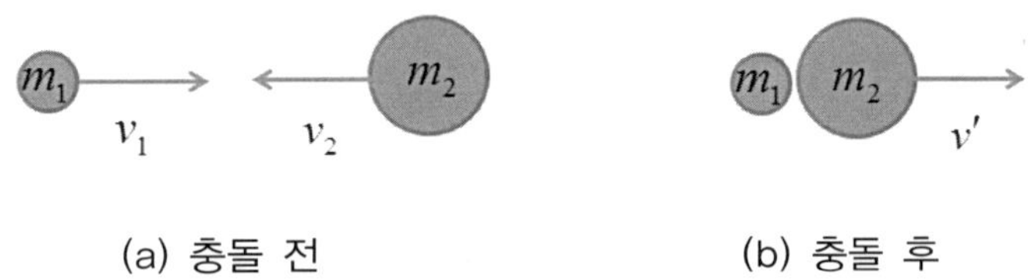

그림 4.7 완전 비탄성 충돌

완전 비탄성 충돌에서는 충돌하는 물체들의 형태가 변하거나 충돌하는 동안 열이 발생하므로 운동 에너지가 최대로 감소된다. 그러나 이 경우에도 운동량은 여전히 보존된다.

따라서

$$m_1v_1 + m_2v_2 = (m_1 + m_2)v' \tag{4.13}$$

가 되고, 이로부터 충돌 후 속도를 구하면 다음과 같다.

$$v' = \frac{m_1v_1 + m_2v_2}{m_1 + m_2} \tag{4.14}$$

예제 4.4 6kg의 큰 물고기가 정지해 있는 2kg의 작은 물고기를 향해 다가가고 있다. 큰 물고기가 1m/s의 속도로 다가가서 작은 물고기를 삼켰다면 이때 큰 물고기의 속도는 얼마인가?

풀이 큰 물고기가 작은 물고기를 삼킨 시간은 매우 짧기 때문에 운동량은 보존된다고 볼 수 있다. 따라서 아래와 같이 운동량 보존 법칙을 사용하면

$$6 \times 1 + 2 \times 0 = (6 + 2) \times v$$

큰 물고기가 작은 물고기를 삼킨 후의 속도 v를 계산할 수 있다.

$$v = 0.75\text{m/s}$$

■

4.4 2차원 충돌

충돌 전후 물체가 움직이는 방향이 수평 또는 수직, 즉 1차원 운동이 아니라면 각 성분별로 운동량 보존 법칙을 적용함으로써 독립적으로 해석할 수 있다. 즉, 그림 4.8과 같이 v_1의 속도로 움직이던 질량 m_1인 물체가 정지해 있던 질량 m_2의 물체와 충돌한 후 v_1', v_2'의 속도로 x축과 각각 θ, ϕ의 각을 이루고 운동한다고 하자. 이 경우 운동량은 각각의 성분별로 보존되기 때문에

$$m_1 v_1 = m_1 v_1' \cos\theta + m_2 v_2' \cos\phi \quad : x \text{ 방향} \tag{4.15}$$

$$0 = -m_1 v_1' \sin\theta + m_2 v_2' \sin\phi \quad : y \text{ 방향} \tag{4.16}$$

가 된다. 완전 탄성 충돌의 경우 운동 에너지가 그대로 보존되므로

$$\frac{1}{2} m_1 v_1^2 = \frac{1}{2} m_1 v_1'^2 + \frac{1}{2} m_2 v_2'^2 \tag{4.17}$$

가 성립된다. 이 세 식을 이용하여 충돌 후 물체의 운동을 해석할 수 있게 된다.

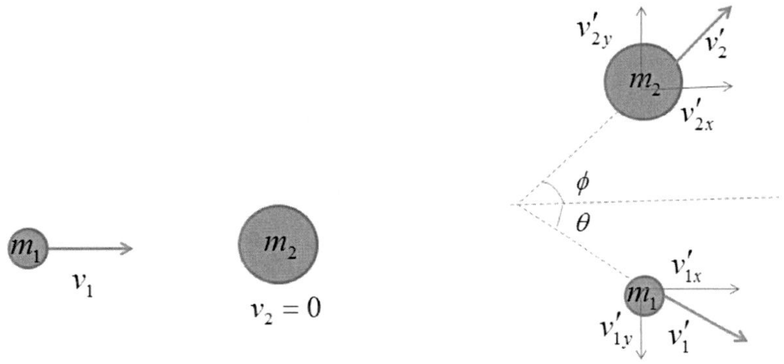

(a) 충돌 전　　　　(b) 충돌 후

그림 4.8 2차원 충돌

예제 4.5 v_1의 속도로 운동하던 당구공이 정지해 있던 같은 질량의 당구공과 부딪혔다. 충돌 후 첫 번째 공이 원래 움직이던 방향과 60°의 각도로 $v_1{}'$의 속도로 운동한다. 탄성 충돌이라 가정 시 두 번째 공은 얼마의 각도로 튕겨 나가겠는가?

풀이 충돌 전후의 상황을 그림으로 나타내면 아래와 같다.

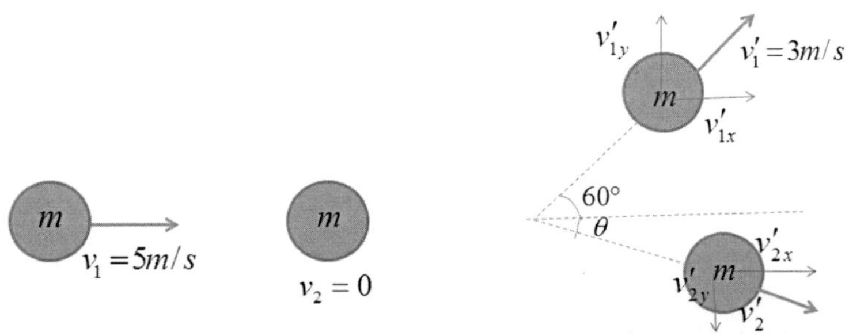

(a) 충돌 전　　　　(b) 충돌 후

x, y 방향으로 운동량 보존 법칙을 적용하면

$$mv_1 = mv_1{}'\cos 60° + mv_2{}'\cos\theta \quad : \ x \text{ 방향} \quad \cdots ①$$

$$0 = mv_1{}'\sin 60° - mv_2{}'\sin\theta \quad : \ y \text{ 방향} \quad \cdots ②$$

이고, 탄성 충돌이라 가정하였으므로 운동 에너지가 보존된다.

$$\frac{1}{2}mv_1^2 = \frac{1}{2}mv_1{'}^2 + \frac{1}{2}mv_2{'}^2 \qquad \cdots \ ③$$

따라서 ①식과 ②식을 각각 제곱하여 합하면

$$\begin{aligned} v_1^2 &= v_1{'}^2 + v_2{'}^2 + 2v_1{'}v_2{'}(\cos 60°\cos\theta - \sin 60°\sin\theta) \\ &= v_1{'}^2 + v_2{'}^2 + 2v_1{'}v_2{'}\cos(\theta + 60°) \end{aligned}$$

여기에 ③식을 대입하면

$$2v_1{'}v_2{'}\cos(\theta + 60°) = 0$$

이 되므로 위의 조건을 만족하려면 $\theta + 60° = 90°$, 즉 $\theta = 30°$가 되어야 한다.

이를 식 ①과 ②에 대입하면 당구공의 충돌 후 튕겨나가는 나중 속도 $v_1{'}$와 $v_2{'}$를 구할 수 있다. ■

연습문제

1. 40m/s의 속도로 날아오는 질량 150g의 공을 방망이로 쳐서 30m/s의 속도로 반대 방향으로 날려 보냈다.

   (a) 공에 가해진 충격량의 크기는?

   (b) 방망이와 공의 접촉 시간이 0.1초라면 공이 받은 평균 힘은 몇 N인가?

2. 8kg의 볼링공이 2m/s의 속력으로 구르고 있다. 볼링공의 운동량은 얼마인가? 이 볼링공이 베개 위에 떨어져 0.5초 만에 정지했다. 볼링공이 베개에 작용한 평균적인 힘은 얼마인가?

3. 다음의 그림과 같이 질량 m인 공이 v의 속도로 벽에 충돌하여 120° 방향으로 같은 속력으로 튕겨 나왔다. 공의 운동량의 변화량의 크기는 얼마인가?

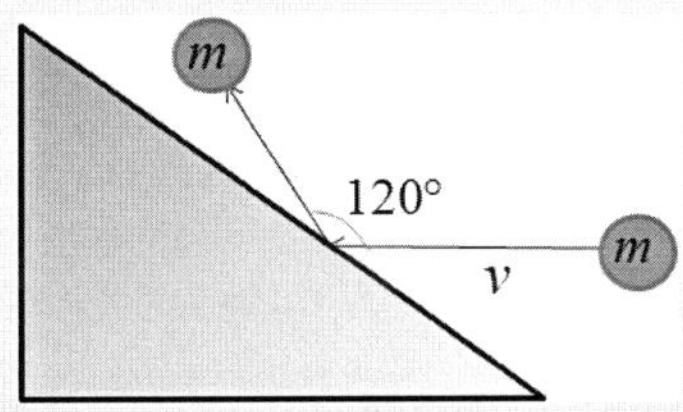

4. 10.0g의 총알이 5.0kg의 나무토막에 박혔다. 박힌 직후의 총알과 나무토막의 속력이 0.600m/s일 때 총알의 원래 속력은 얼마인가?

5. 마루 위 2m의 높이에서 아래로 3m/s의 속력으로 공을 던진다. 이 공이 2.5m 높이까지 튀어 올라온다면 마루와의 충돌은 탄성 충돌인가?

6. 속도 $5\vec{i}$m/s인 3kg의 물체가 속도 $-2\vec{j}$m/s인 2kg의 물체와 충돌하여 서로 붙어서 운동한다. 충돌 후 물체의 나중 속도를 구하라.

7. 수평 얼음판 위에 질량이 80kg인 어른이 왼쪽으로 2m/s의 속력으로 미끄러지고 있다. 이때 질량 25kg의 어린이가 오른쪽으로 5m/s의 속력으로 미끄러져서 정면으로 충돌하는 순간 어른이 어린이를 껴안았다. 충돌 후 속도는 얼마인가? 단 얼음판의 마찰은 무시한다.

8. 그림과 같이 질량 300g의 공을 바닥으로부터 1.0m의 높이에서 자유 낙하시켰을 때 0.65m까지 튀어 올랐다. 이때 마룻바닥이 공에 준 충격량은 얼마인가?

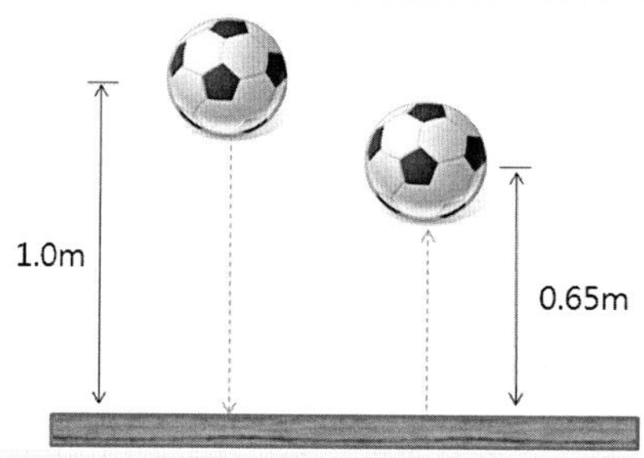

제 5 장

뉴턴의 운동 법칙

1. 운동의 원인
2. 운동의 법칙
3. 여러 가지 힘과 운동

5.1 운동의 원인

그림 5.1과 같이 풍선을 손으로 살짝 누르면 풍선의 모양은 찌그러지며, 굴러오는 축구공을 발로 차면 날아오던 방향과는 다른 방향으로 날아가게 된다. 이는 물체에 힘이 가해졌기 때문이며, 이러한 힘은 물체의 모양이나 운동 상태를 변화시키는 요인이 된다.

그림 5.1 운동의 원인 : 힘의 크기

그러나 힘이 가해졌다고 해서 물체가 운동하는 것은 아니다. 그림 5.2와 같이 힘 F_1을 가하면 책은 힘을 가한 방향으로 이동하게 되나 힘 F_2를 가하게 되면 책은 움직이지 않고 정지해 있게 된다.

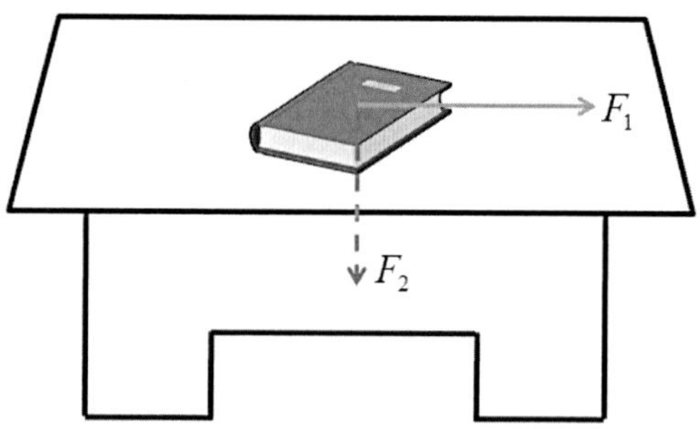

그림 5.2 운동의 원인 : 힘의 방향

또한, 힘의 작용점도 운동을 발생시키는데 있어서 중요하다. 그림 5.3과 같이 책상 위에 세워진 책의 중심부에 힘 F_1을 가하면 책은 힘을 가한 방향으로 이동하게 되나, F_2와 같이 책의 윗부분이나 아랫부분에 힘을 가하게 되면 책은 쓰러지게 될 것이다.

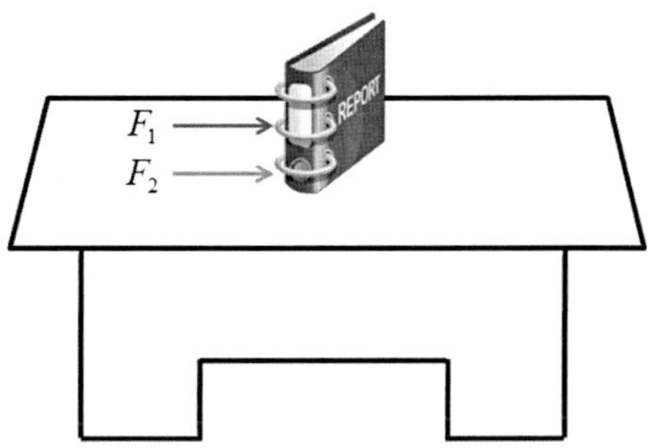

그림 5.3 운동의 원인 : 힘의 작용점

이와 같이 물체를 운동시키기 위해서는 힘의 크기와 방향, 그리고 힘의 작용점에 따라 그 결과는 달라진다. 따라서 이 세 가지를 힘의 3요소라고도 한다.

5.2 운동의 법칙

5.2.1 제1법칙 : 관성의 법칙

정지 상태의 물체에 힘을 가하게 되면 물체는 운동하게 되고, 운동하고 있는 물체에 힘을 가하면 정지하게 된다. 그렇다면 정지 또는 운동 상태의 물체에 힘이 가해지지 않는다면 어떠한 일이 발생할 것인가?

2장에서 설명한 바와 같이 마찰이나 공기 저항이 없다면 물체는 등속 운동을 하게 된다. 즉, 그림 5.4와 같이 물체에 힘이 작용하지 않거나 힘의 합력이 0이면 정지한 물체는 계속해서 정지하고, 운동하고 있는 물체는 계속해서 등속 운동을 하게 된다.

그림 5.4 뉴턴의 제1법칙 : 관성의 법칙

이와 같이 원래의 운동 상태를 계속해서 유지하려는 성질을 **관성의 법칙** 또는 **뉴턴의 제1법칙**이라 한다. 관성은 자연 법칙 중의 하나로서 모든 물체가 지니고 있는 특성 중의 하나이다.

관성에 관한 현상은 우리 생활 주변에서도 쉽게 찾아 볼 수 있다. 정지해 있던 버스가 갑자기 달릴 때 몸이 뒤로 젖혀지거나 달리던 자전거를 곧바로 정지할 수 없는 것은 바로 관성의 성질 때문이다.

또한, 질량이 큰 물체와 질량이 작은 물체가 정지해 있을 때 이를 움직이게 하려면 질량이 큰 물체에 더 큰 힘을 가해야 한다. 마찬가지로 질량이 큰 물체와 질량이 작은 물체가 같은 속도로 운동하고 있을 때 질량이 큰 물체는 정지시키기가 더 어렵다. 이로부터 물체의 질량은 관성의 크기를 나타내는데 있어 중요한 요인이 됨을 알 수 있다.

5.2.2 제2법칙 : 가속도 법칙

앞 절에서 운동하는 물체에 힘이 가해지면 물체의 속력이 변하거나 운동의 방향이 바뀌게 됨을 알 수 있었다. 이때 물체에 작용하는 힘이 클수록 운동 상태의 변화는 크게 일어난다. 예를 들어, 같은 질량의 물체일지라도 더 큰 힘을 가해 당긴다면 물체가 끌려오는 속력은 점점 더 빨라지게 되는 것이다.

따라서 물체의 질량이 일정할 때 물체에 작용하는 힘 F는 가속도 a를 만들게 되며, 이는 서로 비례함을 알 수 있다.

$$a \propto F \tag{5.1}$$

이제 같은 힘이 가해질 때 질량에 따른 가속도의 변화에 대해 살펴보자. 만일 같은 힘으로 야구공과 축구공을 던지게 되면 당연히 야구공이 더 빨리 더 멀리 날아가게 될 것이다. 이는 물체에 작용하는 힘이 일정할 때 물체의 질량과 가속도는 다음과 같이 반비례함을 의미한다.

$$a \propto \frac{1}{m} \tag{5.2}$$

식 (5.1), (5.2)로부터 다음과 같은 **뉴턴의 제2법칙** 또는 **가속도 법칙**을 유도할 수 있다.

$$F = ma \tag{5.3}$$

여기서 F 의 단위는 N(Newton)이며, 가속도의 방향은 힘의 방향과 같다.

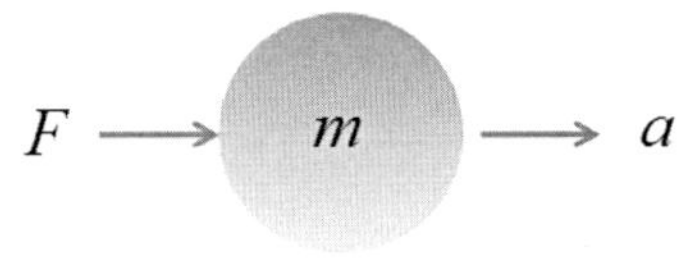

$$a = \frac{F}{m}$$

그림 5.5 뉴턴의 제2법칙 : 가속도 법칙

식 (5.3)으로부터 1N은 질량 1kg의 물체에 $1 m/s^2$의 가속도를 생기게 하는 데 필요한 힘의 크기로 정의할 수 있다. 또한, 이 식으로부터 물체에 힘을 가했을 때 어느 정도의 가속도가 발생하는지 또는 물체가 정해진 가속도로 움직이기 위해서는 얼마의 힘을 가해야 하는지 계산할 수 있다.

이는 물체의 종류나 크기, 힘의 종류와 크기, 그리고 힘의 작용 방법 등에 관계없이 일반적으로 성립하며, 이를 통해 복잡하고 다양한 운동을 간단하게 설명할 수 있게 된다.

예제 5.1 30N의 힘이 10kg의 상자에 가해진다. 상자의 가속도는 얼마인가?

풀이 $a = \frac{F}{m}$ 이므로 $a = \frac{30}{10} = 3 m/s^2$이며 힘이 가해진 방향으로 가속도가 발생한다. ■

뉴턴의 제2법칙에 관한 특별한 예로서 물체의 무게를 들 수 있다. 무게란 그림 5.6과 같이 그 물체에 작용하는 지구의 만유인력을 의미한다.

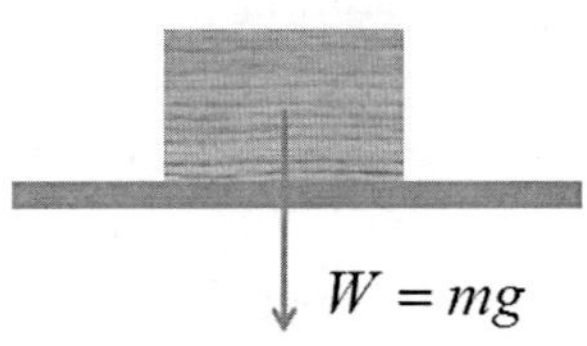

그림 5.6 무게 : 물체에 작용하는 지구의 만유인력

2장에서 설명한 바와 같이 공기의 저항을 무시할 때 지구 표면으로 자유 낙하하는 모든 물체의 가속도는 일정하며 이때 중력 가속도는 $g = 9.8\text{m/s}^2$이다. 따라서 뉴턴의 제2법칙으로부터 질량이 m인 물체의 무게는 다음과 같이 정의된다.

$$W = mg \tag{5.4}$$

여기서 W는 물체의 무게를 의미하며, 단위는 N이다.

예제 5.2 질량이 30kg인 상자의 무게는 얼마인가?

풀이 $W = mg$이므로 $W = 1.5(9.8) = 14.7\text{N}$이다. ■

5.2.2 제3법칙 : 작용 반작용의 법칙

공을 바닥에 떨어뜨리면 공은 바닥에 떨어져 힘을 주게 되고 동시에 바닥은 힘을 작용하여 공을 튀어 오르게 한다. 또한, 그림 5.7과 같이 바닥에 몸무게를 싣고 가만히 서 있으면 마치 바닥이 발바닥을 미는 듯한 느낌을 받게 된다.

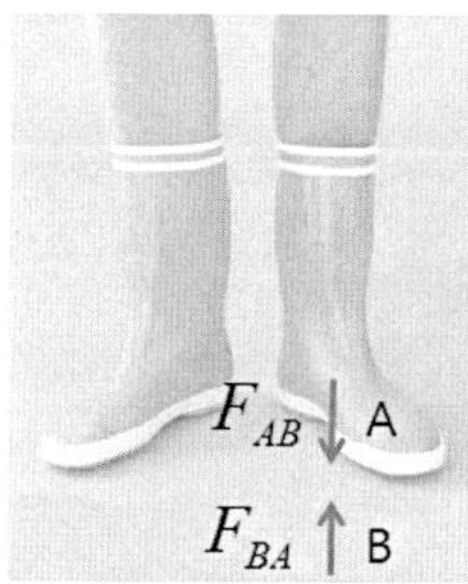

그림 5.7 뉴턴의 제3법칙 : 작용 반작용의 법칙

이와 같이 힘은 반드시 두 물체 사이에서 서로 상호 작용하며 물체 A가 물체 B에 힘 F_{AB}을 가하면 물체 B도 A에 같은 크기의 힘 F_{BA}을 가하게 된다. 이를 수식으로 표현하면 다음과 같다.

$$\overrightarrow{F_{AB}} = -\overrightarrow{F_{BA}} \tag{5.5}$$

여기서 F_{AB}를 작용이라 하면 F_{BA}는 반작용이 되며, 이를 **뉴턴의 제3법칙** 또는 **작용 반작용의 법칙**이라고 한다. 이는 힘은 독립적으로 존재하지 않고 반드시 한 쌍으로 나타난다는 본질적 특성을 규명한 법칙으로서, 물체에 작용하는 힘과 그 물체의 운동 상태의 변화와의 관계를 설명하는 뉴턴의 제1법칙 및 제2법칙과 대비된다.

그림 5.6에서 설명한 바와 같이 선반 위에 놓인 상자에는 지구가 잡아 당기는 만유인력, 즉 중력이 작용한다. 따라서 이 중력을 작용이라고 하면, 반대로 상자가 지구를 잡아당기는 힘, 즉 반작용이 존재하게 된다. 그렇지 않다면 상자는 선반 아래로 떨어지기 때문이다. 이때 그림 5.8과 같이 접촉면에 수직인 방향으로 물체를 밀어내는 힘을 수직항력이라 한다.

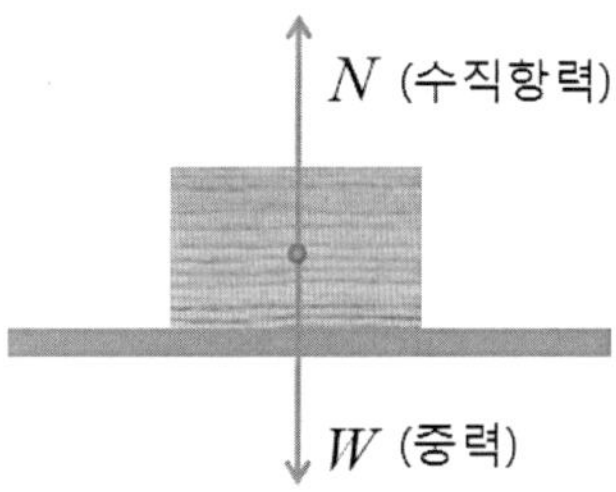

그림 5.8 **평면에서의 수직항력**

예제 5.3 그림과 같이 질량 2kg의 물체에 30° 비스듬하게 10N의 힘이 작용하면 수직항력의 크기는 얼마일까? 단 중력 가속도는 계산의 편의를 위해 10m/s^2이라 가정한다.

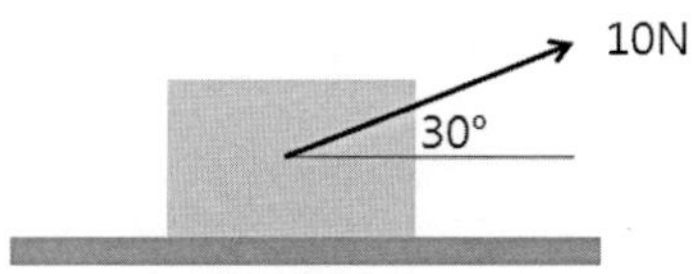

풀이 그림과 같이 2kg의 물체에 작용하는 중력, 즉 무게는 $W = mg = 2(10) = 20\text{N}$이다. 또한, 상자는 x축 방향으로는 $10\cos 30° = 8.66\text{N}$의 힘을 받아 등가속도 운동을 하게 되며, y축 방향으로는 $10\sin 30° = 5\text{N}$의 힘이 작용한다. 이때 y축 방향으로 물체는 정지해 있으므로 모든 합력은 0이 되어야 한다. 따라서 $N + 5 = 20$으로부터 수직항력 $N = 15\text{N}$이 된다.

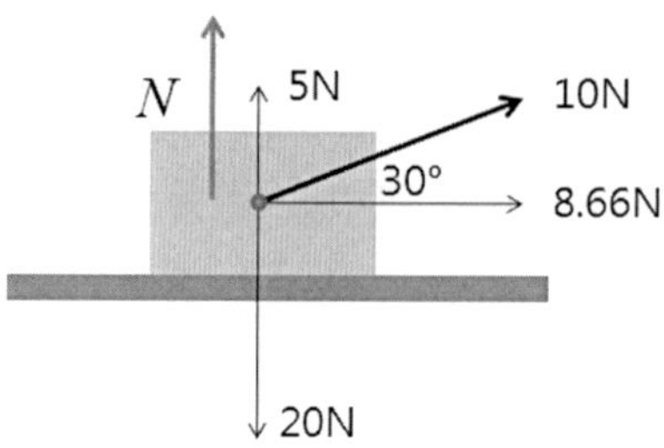

5.3 여러 가지 힘과 운동

지금까지의 설명을 통해 물체가 운동하게 되는 원인은 힘이라는 것을 알 수 있었다. 이 절에서는 몇 가지 대표적인 힘에 관해 살펴보기로 한다.

5.3.1 만유인력

우주 내의 모든 물체는 다른 물체를 잡아당기는 힘이 있다. 예를 들면, 가까이 있는 친구뿐만 아니라 먼 곳에 있는 친구들과도 보이지 않는 힘으로 서로 당기고 있는 것이다.

그렇다면 그림 5.9와 같이 질량이 m_1, m_2인 두 물체가 거리 r만큼 떨어져 있을 때 이들은 얼마만큼의 힘으로 서로 잡아당기고 있을까?

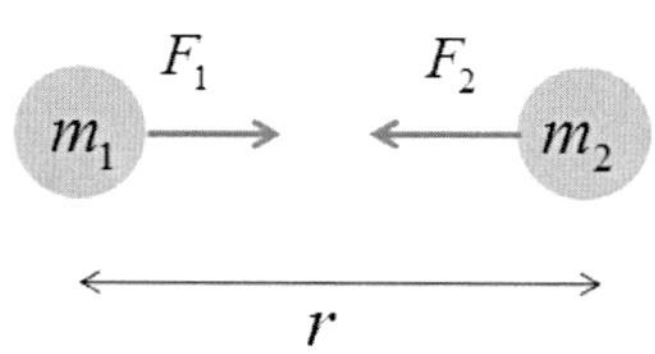

그림 5.9 만유인력 : 모든 물체 사이에는 인력이 작용한다.

이러한 힘의 크기는 다음과 같이 두 물체의 질량의 곱에 비례하고 두 물체 사이의 거리의 제곱에 반비례한다.

$$F = G\frac{m_1 m_2}{r^2} \tag{5.6}$$

이를 뉴턴의 **만유인력의 법칙**이라 한다. 여기서 G는 만유인력 상수이며, $6.67 \times 10^{-11}\ \mathrm{N \cdot m^2/kg^2}$이다.

만유인력의 하나인 중력은 지구와 지구상에 있는 물체들 사이에 작용하는 힘이며, 중력의 방향은 어디서나 지구의 중심을 향한다.

5.3.2 마찰력

한 물체가 다른 물체의 표면에 접하여 운동하거나 운동하고자 할 때 접촉면에는 운동을 방해하려는 힘이 나타나는데 이를 **마찰력**이라 한다. 즉, 마찰력은 물체의 움직임을 방해하는 힘을 의미하며, 물체의 운동 방향과는 반대 방향으로 작용한다.

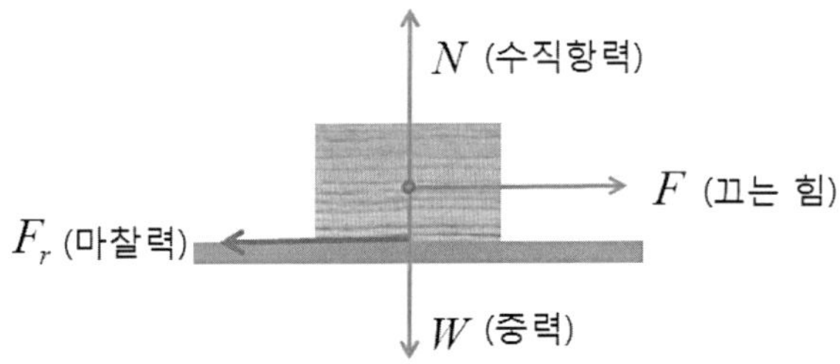

그림 5.10 마찰력 F_r : 물체의 운동을 방해하는 힘

만일 물체를 끌어 당겨도 물체가 움직이지 않는다면 이때의 마찰력을 **정지 마찰력**이라 하며, 물체가 정지해 있다가 움직이기 시작하는 순간의 마찰력을 **최대 정지 마찰력**이라고 한다. 정지 마찰력 f_s는 접촉면이 물체를 수직으로 떠받치는 힘인 수직 항력 N에 비례하며 이를 식으로 나타내면 다음과 같다.

$$f_s = \mu_s N \tag{5.7}$$

여기서 μ_s를 최대 정지 마찰계수라고 한다.

또한, 물체가 운동하고 있을 때에도 마찰력이 작용하는데 이를 **운동 마찰력**이라 한다. 수평면 위에서 물체를 밀면 얼마 후 물체가 정지하게 되는데 이는 물체에 운동 마찰력이 작용하기 때문이다. 이때 운동 마찰력은 정지 마찰력과 마찬가지로 수직항력 N에 비례하며 다음과 같다.

$$f_k = \mu_k N \tag{5.8}$$

여기서 μ_k를 **운동 마찰계수**라고 하며, 접촉면의 종류나 상태에 따라 다르고 접촉면의 넓이와는 무관하다.

일반적으로 운동 마찰계수 μ_k는 최대 정지 마찰계수 μ_s보다 조금 작다. 따라서 물체를 밀어주는 힘을 점점 더 크게 하면 최대 정지 마찰력에 이를 때까지 정지 마찰력이 증가하다가 가한 힘이 최대 정지 마찰력보다 커지면 물체는 움직이기 시작하고 물체가 움직인 다음 물체에 작용하는 운동 마찰력의 크기는 최대 정지 마찰력보다 조금 작아진다. 무거운 물체를 밀 때 물체가 일단 움직이기 시작하면 밀기가 좀 더 수월해지는 것을 보면 쉽게 이해할 수 있다.

예제 5.4 책상에 놓여진 질량 10kg의 상자에 100N의 힘이 가해진다. 책상과 상자 사이의 마찰계수가 0.5라면 상자는 움직이겠는가? 만일 상자가 움직인다면 가속도는 얼마가 되겠는가? 단, 정지 마찰계수와 운동 마찰계수는 특별히 구별하지 않는 것으로 한다.

풀이 중력 가속도를 10m/s^{2}이라 할 때 상자의 무게는 $W = 10(9.8) = 98\,\text{N}$이며, 수직항력은 상자의 무게와 동일하다. 이때 최대 마찰력은 $F_r = \mu N = 0.5(98) = 49\,\text{N}$이므로 가한 힘 100 N보다 51 N 작다. 따라서 상자는 힘을 가한 방향으로 움직이게 될 것이며, 뉴턴의 제2법칙에 의해 가속도는 $a = \dfrac{F}{m} = \dfrac{51}{10} = 5.1\,\text{m/s}^2$이다.

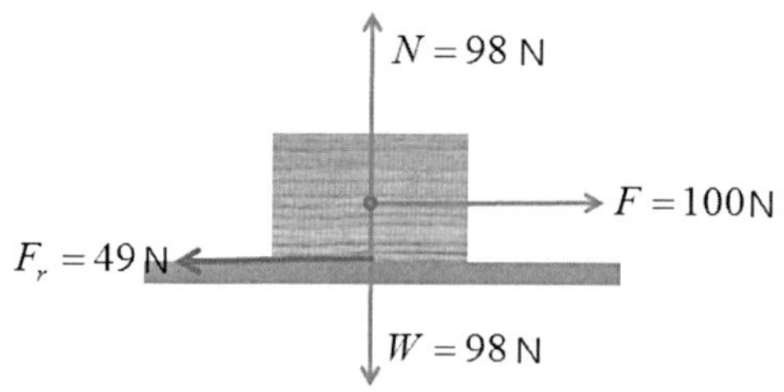

■

5.3.3 탄성력

용수철을 잡아당기거나 누른 후 놓으면 용수철은 금방 원래의 위치로 되돌아오는 것을 경험했을 것이다. 이와 같이 물체가 힘을 받아 변형될 때 본래의 상태로 되돌아가려는 성질이 있는데 이러한 성질을 **탄성**이라고 한다.

즉, 그림 5.11과 같이 용수철의 한 끝을 힘 F로 잡아당길 때, 용수철의 길이가 x만큼 늘어난다면 원래의 상태로 되돌아가려면 가한 힘 F와는 반대 방향으로 힘이 나타나며 이 힘을 탄성력이라 한다. 이때 탄성력은 다음과 같이 **훅의 법칙**으로 정의된다.

$$F = -kx \tag{5.9}$$

여기서 k는 탄성계수 또는 용수철 상수라 하며, 단위는 N/m이다.

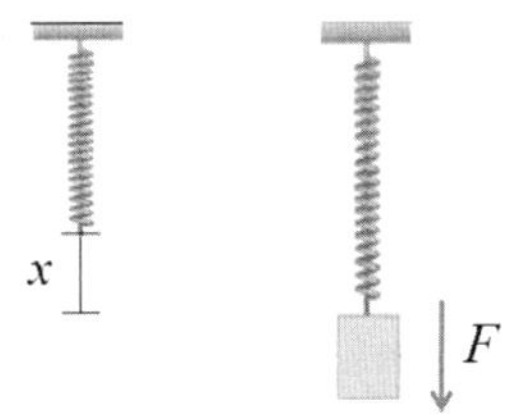

그림 5.11 탄성력 : 힘을 가한 반대 방향, 즉 원래의 상태로 돌아가려는 힘

이 식에서 탄성력은 변형의 크기에 비례함을 알 수 있으며, 음(−)의 부호는 탄성력이 외부에서 물체에 작용하는 힘과 반대로 작용함을 의미한다.

예제 5.5 어떤 용수철을 10N의 힘으로 당겼더니 2cm 늘어났다. 이 용수철의 상수는 얼마인가?

풀이 $F = kx$로부터 용수철 상수 $k = \frac{F}{x} = \frac{10}{0.02} = 500$ N/m이다. ■

연습문제

1. 질량이 2kg인 상자의 무게는 얼마인가?

2. 10kg의 물체에 30N의 힘이 가해질 때 이 물체의 가속도의 크기와 방향은 어떠한가?

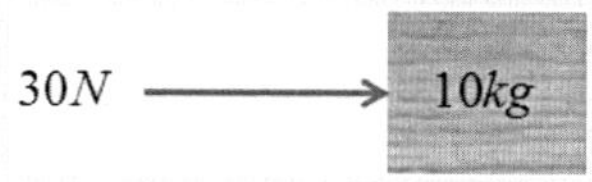

3. 50N의 힘을 가하여 5kg의 물체를 밀고 있다. 이 물체에 가해진 마찰력이 10N이라면 물체의 가속도는 얼마인가?

4. 0.5kg의 책이 책상 위에 놓여 있다. 책을 눌러 10N의 힘을 아래로 가할 때 책에 작용되는 중력의 크기는 얼마인가? 또한, 책상이 책에 주는 위쪽의 수직 항력의 크기는 얼마나 되겠는가?

5. 100N의 수평 장력이 책상 위에 놓여 있는 질량 10kg의 상자에 가해진다. 책상과 상자 사이의 마찰계수가 0.5라면 이 상자는 움직이겠는가? 만일 상자가 움직인다면 가속도는 얼마나 되겠는가?

6. 그림과 같이 미끄러운 수평면 위에 15kg의 물체 A를 놓고 이를 줄에 메어 도르래에 걸어 30kg인 물체를 연결하였다. 도르래의 마찰을 무시하였을 때 줄의 장력을 구하라.

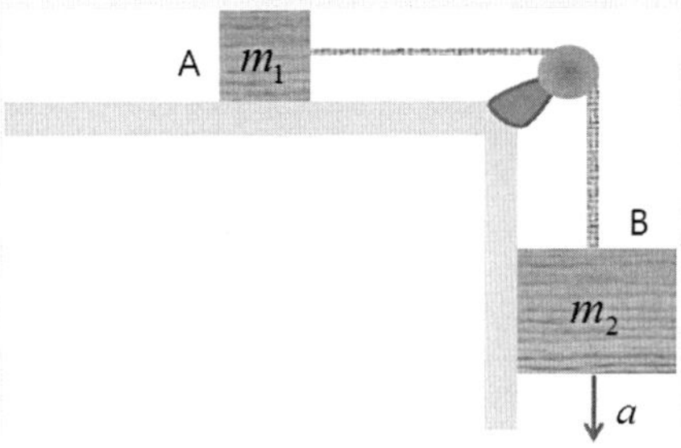

제 6 장

회전운동

6.1 회전운동의 개념

어떤 물체를 줄에 매달고 그 물체를 회전시키면 줄에는 힘이 작용하고, 뉴턴의 제2법칙($F=ma$)에 의해 이 힘과 같은 방향으로 가속도가 발생한다. 이 절에서는 일정한 속력으로 회전운동을 하는 물체는 그 원의 중심 쪽으로 구심 가속도를 가지게 됨을 설명할 것이다.

지금까지 선운동하는 물체의 빠르기는 속도라는 물리량으로 기술하였다. 그렇다면 회전하는 물체의 빠르기는 어떻게 기술할 수 있을까? 회전운동을 기술하기 위해 먼저 각도의 정의부터 살펴보자.

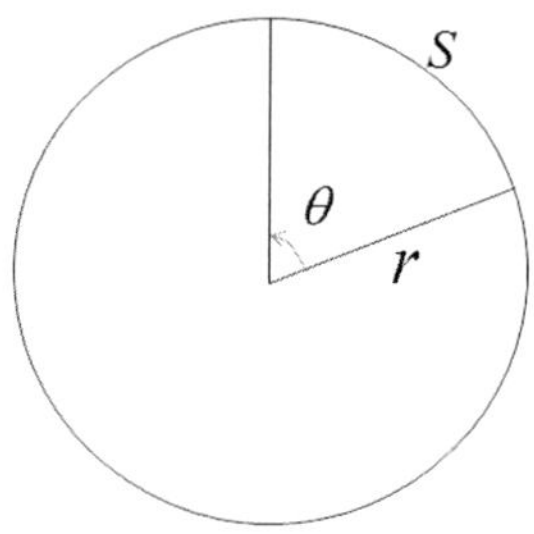

그림 6.1 회전운동

그림 6.1과 같이 원의 둘레를 따라가면서 호의 길이를 측정하면 호의 길이 S는 호에 의한 각도에 비례하며, 주어진 각도에 대해 호의 길이는 원의 반지름 r에 비례한다. 따라서 다음의 관계가 성립된다.

$$\theta=\frac{S}{r} \tag{6.1}$$

각도의 SI 단위로는 rad(라디안)과 degree(도)가 있다. 원둘레를 따라 한 번 회전한 각도는 360° 또는 2πrad이라 정의되며, rad과 degree 사이의 관계는 다음과 같다.

$$2\pi\,\text{rad}=360° \tag{6.2}$$

식 (6.2)로부터 rad의 값은 degree의 값으로, degree의 값은 rad 값으로 변환할 수 있다.

$$1\ \text{rad} = \frac{360°}{2\pi} \quad : \text{rad의 값을 degree로 변환시 사용} \tag{6.3}$$

$$1° = \frac{2\pi\ \text{rad}}{360} \quad : \text{degree의 값을 rad으로 변환시 사용} \tag{6.4}$$

예를 들어, 53°는 식 (6.3)으로부터 0.925rad이 되며,

$$\frac{2\pi\ \text{rad}}{360} \times 53° \simeq 0.925\text{rad}$$

2.4rad은 식 (6.4)로부터 137.51°가 된다.

$$\frac{360°}{2\pi} \times 2.4 \approx 137.51°$$

회전운동에서 이러한 각도 θ는 물체가 얼마나 많이 회전했는지를 측정하는 물리량으로서 선운동에서 물체가 운동한 거리와 유사하다. 따라서 각도는 각변위라고도 한다.

또한, 선운동에서 물체의 빠르기는 속도(순간 속도)라는 물리량으로 정의하였다. 유사하게 회전운동에서는 각속도(순간 각속도)라는 물리량으로 회전운동의 빠르기를 기술하며 다음과 같이 정의된다. 즉, 주어진 시간에 얼마나 많이 회전했는가를 나타내는 것이다.

$$\omega = \lim_{\Delta t \to 0} \frac{\Delta\theta}{\Delta t} = \frac{d\theta}{dt} \tag{6.5}$$

여기서 ω는 각속도를 의미하며, SI 단위는 rad/s이다. 그러나 일반적으로 각속도를 나타낼 때는 회전수나 라디안을 각도의 값으로 사용한다. 모터나 녹음기 등의 회전 속도를 나타낼 때 rpm(rotation per minute;분당 회전수)를 주로 사용하는 것을 보면 쉽게 이해할 수 있을 것이다.

또한, 주어진 순간에 시간 변화에 따른 각속도의 변화율을 각가속도라 하며 다음과 같이 정의된다.

$$\alpha = \lim_{\Delta t \to 0} \frac{\Delta\omega}{\Delta t} = \frac{d\omega}{dt} \tag{6.6}$$

여기서 α는 순간 각가속도를 의미하며, SI 단위는 $\mathrm{rad/s^2}$이다.

위의 정의로부터 선운동과 회전운동은 유사한 점이 많음을 알 수 있다. 표 6.1은 선운동과 회전운동에서의 물리량을 비교한 것이다.

	선운동	회전운동
운동의 정도	변위 r	각변위 θ
물체의 빠르기	속도 $v = \dfrac{dr}{dt}$	각속도 $\omega = \dfrac{d\theta}{dt}$
빠르기의 변화	가속도 $a = \dfrac{dv}{dt}$	각가속도 $\alpha = \dfrac{d\omega}{dt}$

표 6.1 선운동과 회전운동의 비교

회전목마를 타면 모든 말이 바닥에 붙어 같이 돌아가고 있는데도 불구하고 바깥쪽 말이 안쪽 말보다 훨씬 더 빠르게 돌아가는 것처럼 느껴졌을 것이다. 이러한 이유는 중심에서 더 멀리 떨어져 앉을수록 중심에 가까이 앉은 사람보다 더 먼 거리를 움직인 것이므로 바깥쪽 사람은 왼쪽 사람보다 더 큰 속력으로 움직인 것이다.

따라서 중심에서부터의 거리를 r이라 하면 회전목마를 타고 있는 사람의 속도 v와 회전목마의 각속도 ω의 관계는 다음과 같다.

$$v = \omega r \tag{6.7}$$

이는 다음과 같이 각속도의 정의로부터 직접 유도될 수 있다.

$$\omega = \frac{d\theta}{dt} = \frac{d\left(\frac{s}{r}\right)}{dt} = \frac{1}{r}\frac{ds}{dt} = \frac{v}{r}$$

예제 6.1 시계의 세 바늘(초침, 분침, 시침)의 각속도는 각각 얼마인가?

풀이 시계의 초침은 한 바퀴 회전하는데 60초 걸리므로

$$\omega = \frac{2\pi\,\mathrm{rad}}{60s} = 0.105\,\mathrm{rad/s},$$

분침은 한 바퀴 회전에 3,600초 걸리므로

$$\omega = \frac{2\pi\,\mathrm{rad}}{3{,}600s} = 1.74 \times 10^{-3}\mathrm{rad/s}$$

마찬가지로 시침은 한 바퀴 회전에 12시간 × 3,600초/시간 = 43,200초 걸리므로

$$\omega = \frac{2\pi\,\mathrm{rad}}{43{,}200s} = 1.45 \times 10^{-4}\mathrm{rad/s}$$

이다. ■

6.2 구심력

6.2.1 구심 가속도과 접선 가속도

자동차를 타고 커브 길을 달릴 때 바깥으로 나갈 것 같은 느낌이 드는 것은 왜일까? 이는 바로 원심력 때문이다. 원심력이란 관성의 일종으로 물체가 회전운동할 때 바깥으로 움직이려는 성질을 말한다. 그러나 실제로 바깥으로 튀어나가지 않도록 중심 쪽으로 잡아주는 힘이 있는데 이를 구심력이라 한다. 이와 같이 회전운동하는 물체는 원심력과 구심력이 함께 작용하고 있다. 그렇다면 구심력은 무엇과 관계가 있을까?

그림 6.2와 같이 일정한 속력 v로 반지름 r인 원의 궤도를 따라 움직이는 물체를 생각해 보자.

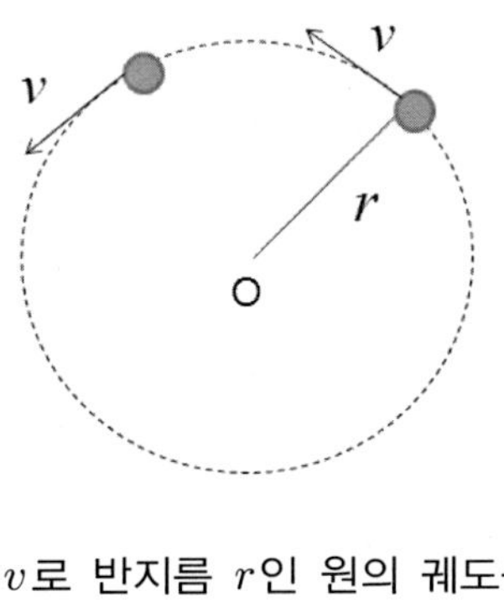

그림 6.2 일정한 속력 v로 반지름 r인 원의 궤도를 따라 회전하는 물체

그러나 이 물체는 원 궤도의 접선을 향해 일정한 속력으로 회전하고 있음에도 불구하고 순간 속도의 방향은 계속 변하고 있다. 따라서 이 물체에는 가속도가 발생한다(가속도는 속도의 변화이다).

순간 가속도의 방향을 구하기 위해 그림 6.3과 같이 Δt가 0에 접근하는 순간을 생각해 보자. 이때 $\Delta v(=v'-v)$는 삼각형법에 의해 구하면 중심을 향하므로 순간 가속도 역시 궤도의 중심을 향하게 된다.

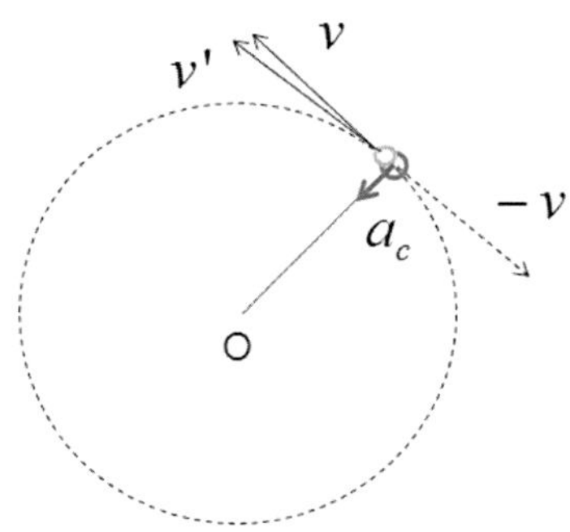

그림 6.3 구심 가속도의 방향

따라서 원의 궤도를 일정한 속력으로 움직이는 물체는 항상 중심을 향해 가속도를 갖게 된다. 이 가속도를 구심 가속도라 하며 크기는 다음과 같다.

$$a_c = \frac{v^2}{r} \tag{6.8}$$

또는 여기에 식 (6.7)을 적용하면 다음과 같이 표현할 수 있다.

$$a_c = \frac{v^2}{r} = \frac{(rw)^2}{r} = r\omega^2 \tag{6.9}$$

여기서 첨자 c는 구심 가속도를 의미한다.

원 궤도를 완전히 한 바퀴 도는데 걸리는 시간을 주기 T라 하자. 이 시간 동안은 물체가 $2\pi r$만큼 이동한 것과 같으므로 속력은 $v=\dfrac{2\pi r}{T}$로 표현할 수 있다. 따라서 이 식을 식 (6.9)에 대입하면 구심 가속도는 다음과 같이 r과 T의 함수로 나타낼 수 있다.

$$a_c = \frac{4\pi^2 r}{T^2} \tag{6.10}$$

또한, 접선 방향의 가속도 a와 각가속도 α와의 관계는 다음과 같다.

$$a = \frac{dv}{dt} = \frac{d(rw)}{dt} = r\frac{d\omega}{dt} = r\alpha \tag{6.11}$$

6.2.2 구심력

앞 절에서 설명한 바와 같이 일정한 속력 v로 회전운동하는 물체의 순간 속도는 계속해서 방향이 변하고 이로부터 구심 가속도가 발생한다.

이때 뉴턴의 제2법칙에 따라 질량 m인 물체에 가해지는 힘은 구심 가속도 a_c와 같은 방향으로 작용한다. 이 힘은 구심 가속도의 방향과 같이 원의 중심을 향하기 때문에 구심력이라 한다. 구심력의 크기를 뉴턴의 제2법칙으로부터 구하면 다음과 같다.

$$F_c = ma_c = m\frac{v^2}{r} \tag{6.12}$$

또는

$$F_c = m\omega^2 r \tag{6.13}$$

예제 6.2 반지름이 170m인 커브를 3kg의 자동차가 60km/h의 속력으로 회전하고 있을 때 자동차에 작용하는 구심력을 구하라.

풀이 식 (6.12)를 사용하여 구심력을 구하면

$$v = \frac{60 \times 10^3}{3{,}600} = 16.67\,\text{m/s}$$

이므로

$$F_c = 3\left(\frac{16.67^2}{170}\right) = 4.9\,\text{N}$$

이다. ■

6.3 토크

회전목마는 어느 부분에 어떤 힘을 가했을 때 가장 효율적으로 회전할 수 있을까? 중심 가까이에서 중심 방향으로 힘을 가한다면 회전목마는 회전할 수 있을까? 이 절에서는 그림 6.3과 같이 우리 주변에서 쉽게 경험할 수 있는 강의실 앞문을 예를 들어, 회전체를 회전시킬 수 있는 방법에 대해 살펴보기로 한다.

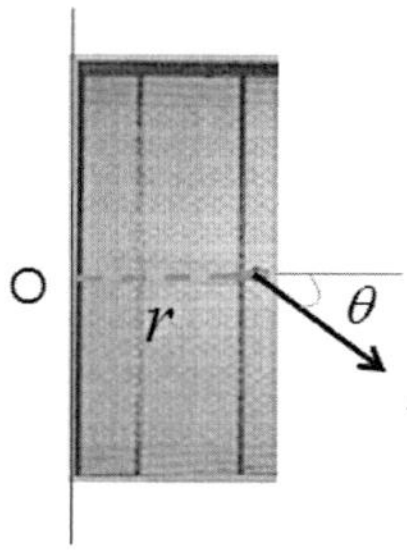

그림 6.3 강의실 문을 회전시키는 방법

회전문은 여닫기 위한 고정 축 O가 있으며, 문에는 손잡이가 달려 있다. 이 손잡이의 위치를 살펴보면 문의 가장 바깥쪽에 달려 있음을 볼 수 있을 것이다. 만일 이 손잡이가 고정 축 가까이에 달려 있다면 아무리 큰 힘으로 문을 당긴다 할지라도 쉽게 열리지 않을 것이다. 따라서 손잡이를 축으로부터 멀리 달아 놓음으로써 작은 힘을 가해도 쉽게 열릴 수 있도록 한 것이다.

그렇다면 어떤 방향으로 손잡이를 당겨야 할까? 아마도 경험상 정면으로, 즉 문에 수직한 방향으로 큰 힘을 가할 때 가장 잘 열릴 것이다. 만일 문에 수평한 방향으로 당기면 전혀 문은 회전하지 않을 것이다.

결론적으로 문을 가장 잘 열리게 하려면 손잡이에 가하는 힘의 크기뿐만 아니라 손잡이의 위치, 힘의 방향이 중요한 요인임을 알 수 있다. 즉, 힘의 크기가 크고, 고정 축으로부터 힘이 가해지는 점까지의 거리가 클수록 회전 효율은 최대가 된다.

이와 같이 물체를 얼마나 효과적으로 회전시키는가를 나타내는 물리량을 토크(Torque)라 하며, 다음과 같이 정의된다.

$$\tau = rF\sin\theta \tag{6.14}$$

여기서 τ는 토크, r은 회전축으로부터 힘 F가 가해지는 거리, θ는 r의 방향과 힘의 방향의 사이각을 의미한다.

식 (6.14)로부터 θ가 90°이면(문에 정면으로 힘을 가한 경우) 토크가 최대가 되고, θ가 0°이면(문과 평행한 방향으로 힘은 가한 경우) 토크는 0이 됨을 알 수 있다. 토크의 SI 단위는 N·m이다.

토크는 크기와 방향을 가지는 벡터량이다. 토크의 방향은 그림 6.4와 같이 오른손 법칙에 따라 r에서 F 방향으로 네 손가락을 감았을 때 엄지손가락이 향하는 방향이다.

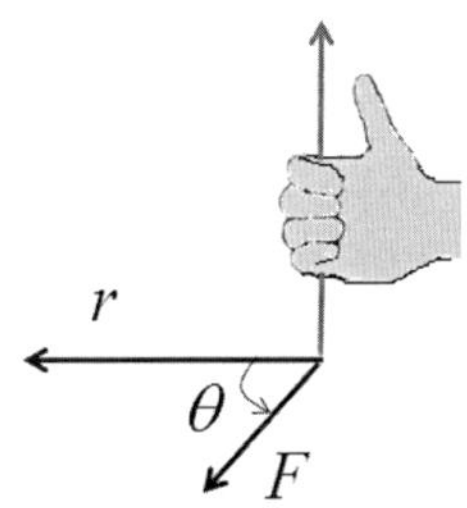

그림 6.4 토크의 방향

이제 그림 6.5와 같이 중앙이 고정된 평형 막대에 추가 달려 있는 경우, 막대가 회전하지 않고 평형을 이루기 위한 조건에 대해 살펴보자. 물체가 평형을 이루려면 물체에 가해진 총 토크의 합은 영이 되어야 한다.

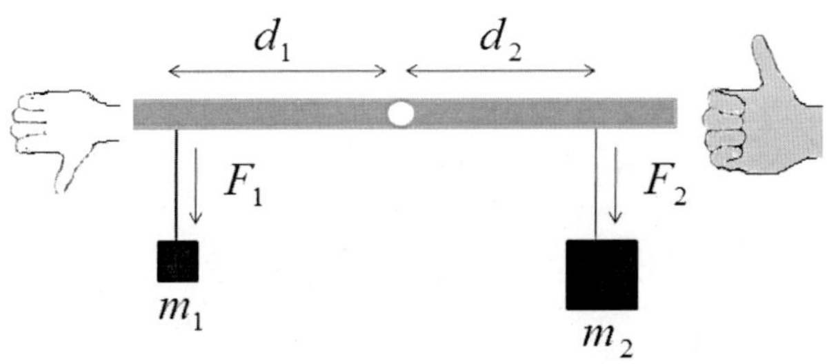

그림 6.5 두 토크의 평형

먼저 질량 m_1인 추에는 중력 $F_1 = m_1 g$이 작용하며 이때 토크 τ_1의 크기는 식 (6.14)에 의해

$$\tau_1 = d_1 F_1 \sin 90^\circ = d_1 \cdot (m_1 g) \tag{6.15}$$

이 되며 지면에서 나오는 방향이다.

마찬가지로 질량이 m_2인 추에 작용하는 토크 τ_2는 다음과 같다.

$$\tau_2 = -d_2 F_2 \sin 90^\circ = -d_2 \cdot (m_2 g) \tag{6.16}$$

여기서 음(−)의 부호는 지면으로 들어가는 방향을 의미한다. 따라서 이 두 토크의 합 $\tau_1 + \tau_2$이 영이 되려면 다음을 만족해야 한다.

$$d_1 m_1 = d_2 m_2 \tag{6.17}$$

예제 6.3 평형 막대의 한쪽에는 5N의 추를, 다른 한쪽에는 3N의 추를 달았다.

(a) 3N의 추가 막대의 중심으로부터 30cm에 위치해 있다고 할 때, 3N의 추에 의한 토크는 얼마인가?

(b) 또한, 막대의 균형을 잡기 위해 5N의 추를 중심으로부터 얼마의 위치에 놓아야 하는가?

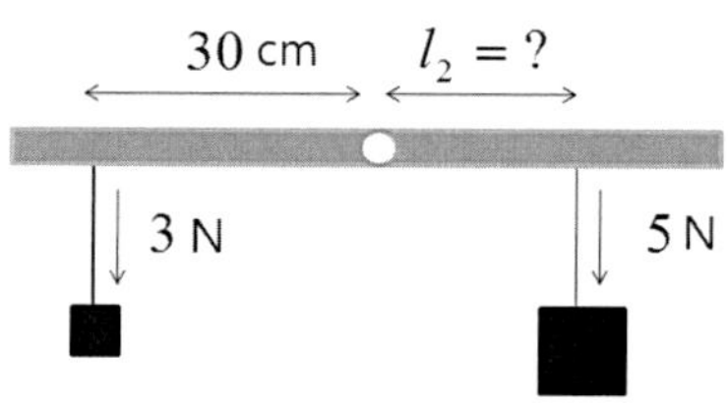

풀이 (a) $\tau = Fl = 3 \cdot (0.3) = 0.9\,\text{N} \cdot \text{m}$

(b) $3 \cdot (0.3) = 5 \cdot (l)$로부터 $l = 0.18\,\text{m}$ 또는 18cm의 위치에 놓아야 한다.

■

6.4 회전 관성 모멘트

회전체에 힘을 가하면 토크가 발생한다. 이는 물체의 회전 여부를 결정하며 회전체에 각가속도의 변화를 발생시킨다. 물체가 각가속도 운동을 하면 토크와 각가속도 사이에는 뉴턴의 제2법칙($F=ma$)과 같은 관계가 있다.

앞에서 살펴본 회전목마의 경우를 떠올려 보라. 고정 축에서 멀리 떨어져 있을수록 주어진 회전목마의 각속도에 대해 더 빨리 움직임을 알 수 있었다($v=r\omega$). 또한, 중심에 가까운 사람보다 바깥쪽에 있는 사람을 더 회전시키기 어려워진다. 따라서 같은 각가속도를 만들려면 바깥쪽에 위치한 사람은 중심에 가까운 사람보다 더 큰 선가속도를 받아야 한다.

회전운동의 변화를 방해하는 저항은 축으로부터 떨어진 거리의 제곱에 의존한다. 이와 같이 회전운동의 변화를 방해하는 물리량을 회전 관성이라 한다.

$$I=mr^2 \tag{6.18}$$

여기서 I는 회전 관성으로서 SI 단위는 $kg \cdot m^2$이고, r은 질량 m인 물체의 회전축으로부터의 거리를 나타낸다.

위 식으로부터 적은 노력으로 회전 놀이기구를 회전시키려면 축 가까이에 앉혀서 회전시키는 것이 좋음을 알 수 있다.

또한, 뉴턴의 제2법칙 $F=ma$에서 양변에 r을 곱하면

$$Fr=mar$$

이 되고, 식 (6.11)과 (6.14)를 적용하면 토크 τ는

$$\tau=m(\alpha r)r=mr^2\alpha=I\alpha \tag{6.19}$$

이 된다.

위 식으로부터 뉴턴의 제 2법칙은 회전운동에서 힘 F는 토크 τ, 질량 m은 회전 관성 I, 그리고 가속도 a는 각가속도 α에 대응됨을 알 수 있다. 또한, 토크가 크고, 회전 관성이 작을수록 각가속도가 커짐을 알 수 있다. 따라서 회전 관성은 물체의 각속도의 변화를 방해하는 정도라고도 볼 수 있다.

예제 6.4 엉덩이를 축으로 하여 다리를 흔들 때, 다리를 구부리면 회전 관성이 작아지는 이유는 무엇일까?

풀이 물체의 질량이 회전축 가까이에 분포하면 회전 관성이 작아지므로 다리를 구부릴 때 회전 관성은 작아진다. ■

6.5 각운동량 보존 법칙

4장에서 선운동량은 운동의 정도를 나타내는 물리량으로서 $p = mv$임을 설명하였다. 또한, 앞 절에서 회전운동을 선운동과 비교했을 때 질량은 회전 관성, 선속도는 각속도에 대응됨을 알 수 있었다. 따라서 각운동량은 선운동량의 정의로부터 다음과 같이 정의할 수 있다.

$$L = I\omega \tag{6.20}$$

여기서 L은 각운동량, I는 회전 관성, ω는 각속도를 의미한다.

식 (6.20)에 식 (6.18)을 적용하면 각운동량은 다음과 같이 표현할 수 있다.

$$L = mr^2\omega \tag{6.21}$$

또한, 작용하는 알짜 힘이 0일 때 선운동량은 보존됨을 알 수 있었다. 마찬가지로 회전운동에서는 토크가 힘의 역할을 하므로 작용하는 알짜 토크가 0이면 총 각운동량은 보존된다.

$$I\omega = I'\omega' \tag{6.22}$$

또는

$$mr^2\omega = mr'^2\omega' \tag{6.23}$$

여기서 I, I'는 처음 및 나중 관성 모멘트, r, r'는 축으로부터의 처음 및 나중 거리, ω, ω'는 처음 및 나중 각속도를 의미한다.

각운동량 보존 법칙 (6.22)로부터 물체의 관성 모멘트가 작아지면 각속도는 커지고, 축으로부터의 거리가 멀어질수록 각속도는 작아짐을 알 수 있다.

예를 들면, 스케이트 선수가 빨리 회전하기 위해, 그리고 다이버들이 더 빨리 공중제비를 하기 위해 양팔과 다리를 모으는 것을 많이 보았을 것이다. 이렇게 팔다리를 모아 줌으로써 관성 모멘트는 작아지게 되고, 각운동량 보존 법칙에 의해 각속력은 커지기 때문이다.

예제 6.5 1초에 2번 회전하는 곡예사가 자신의 회전 관성을 절반으로 감소시킨다면 1초에 몇 번 회전할 수 있는가?

풀이 각운동량 보존 법칙에 따라 회전 관성이 반으로 감소되면 각속도는 2배로 증가된다. 따라서 1초에 4번 회전할 수 있다. ■

연습문제

1. 자전거 경주에서 선수가 지름이 30m인 원형 트랙을 일정한 속력으로 달리고 있다. 이 속도가 6m/s라면 트랙의 중심을 향하는 자전거의 구심 가속도는 얼마인가?

2. 자동차 바퀴의 각속도가 4초 만에 70rad/s에서 40rad/s로 느려진다. 바퀴의 각속도는 얼마인가 ? 그리고 4초 동안에 바퀴가 회전한 각도는 얼마이며, 바퀴의 반지름이 0.4m라면 자동차는 얼마나 멀리 가는가?

3. 길이가 0.3m인 렌치의 한 끝에 수직으로 40N의 힘을 가할 때 생기는 토크는 얼마인가? 또한, 렌치의 길이를 0.5m로 늘인 다음 같은 힘을 가한다면 토크는 얼마인가?

4. 휠의 각속도가 60rpm에서 40rpm으로 감소할 때 100J의 에너지를 잃었다면 관성 모멘트는 얼마인가? 또한, 각운동량의 변화는 얼마인가?

5. 질량이 2kg이고 반지름이 0.15m인 밀도가 균일한 원판이 12rad/s의 각속도로 회전하고 있다. 원판의 회전 관성 및 각 운동량을 구하라.

6. 피겨 스케이트 선수가 팔을 편 채 2rev/s의 비율로 자전하기 시작한다. 팔을 오므려 몸에 가까이 해서 관성 모멘트가 3/5으로 감소한다. 피겨 스케이트 선수의 나중 각속도는 얼마인가?

7. 질량이 2kg이고 반지름이 0.2m인 밀도가 균일한 원판이 1.2 rad/s의 각속도로 회전하고 있다. 원판의 회전 관성 및 각운동량은 얼마인가?

8. 회전 관성이 8kg·m^2인 원판에 50N·m의 토크가 작용한다. 원판의 각가속도는 얼마인가?

제 7 장

일과 에너지

1. 일의 정의
2. 일과 일률의 관계
3. 운동 에너지
4. 위치 에너지
5. 역학적 에너지 보존 법칙
6. 반발 계수

7.1 일의 정의

사람은 누구나 일을 하며 살아간다. 장작을 패거나 무거운 물건을 옮기는 것처럼 반드시 큰 힘을 들여야만 일을 하는 것은 아니다. 어린 아이가 공을 차거나 종이비행기를 날리고 비눗방울을 입으로 부는 것도 일이다. 따라서 우리는 늘 일을 하며 사는 셈이 된다.

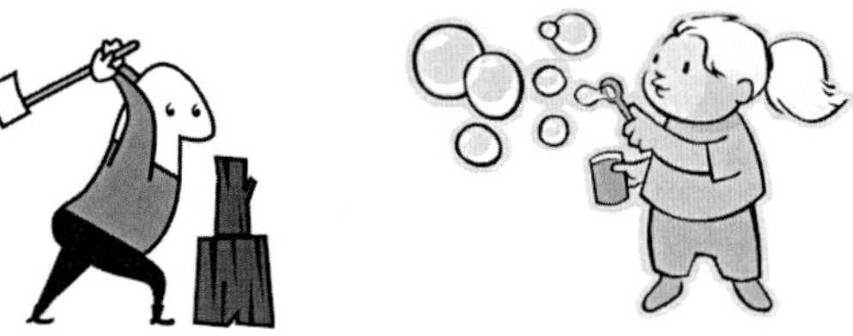

그림 7.1 일상생활에서 일의 예

그런데 힘을 사용한다고 모두 일이라고 볼 수 있을까? 짐을 옮기거나 빗질을 하거나 무거운 가방을 들고 서 있으려면 모두 힘을 써야 한다. 그러나 이 중에서 무거운 가방을 들고 제자리에 서 있는 것은 물리학에서 일이라고 하지 않는다. 물리학에서는 물체에 아무리 큰 힘을 가했을지라도 물체가 힘의 방향으로 이동하지 않는다면 일을 했다고 하지 않는다. 또한, 물체에 작용한 힘이 클수록, 물체가 이동한 거리가 길수록 한 일이 많다고 한다.

따라서 그림 7.2와 같이 물체에 힘 F를 가해 물체가 x만큼 이동했다면 일은 다음과 같이 표현된다.

$$W = F \cdot x \tag{7.1}$$

여기서 일의 SI 단위는 줄(J)이며 이는 힘 F의 단위인 N과 거리 x의 단위 m의 곱인 N·m을 의미한다. 따라서 1J은 1N의 힘으로 물체를 1m 이동시켰을 때 한 일의 양을 말한다.

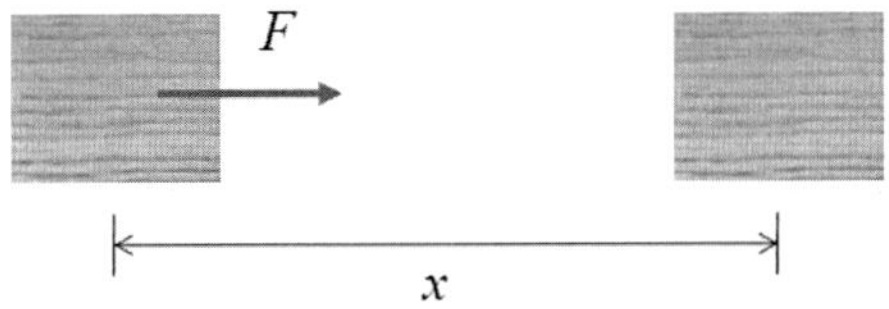

그림 7.2 일의 정의(힘의 방향과 물체의 이동 방향이 일치하는 경우)

그렇다면 그림 7.3과 같이 물체에 줄을 매달아 끌고 가는 경우 일의 양은 얼마나 될까? 이때 물체는 줄을 따라 이동하는 것이 아니라 수평면을 따라 이동하므로 일의 정의에 의해 물체의 이동 방향과 같은 방향의 힘만 일에 기여한 것이 된다.

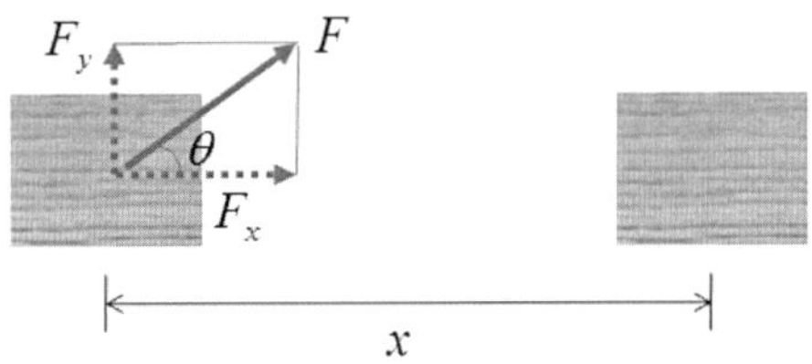

그림 7.3 일의 정의(힘의 방향과 물체의 이동 방향이 일치하지 않는 경우)

따라서 힘의 방향과 물체의 이동 방향이 일치하지 않는 경우, 다음과 같이 물체에 작용한 힘을 물체의 이동 방향과 평행한 성분 F_x와 수직인 성분 F_y으로 나눈다.

$$F_x = F\cos\theta,\ F_y = F\sin\theta \tag{7.2}$$

이때 F_y 방향으로는 물체가 이동하지 않았으므로 이동 거리가 0이다. 따라서 F_y가 물체에 한 일의 양은 0이 된다.

따라서 아래와 같이 물체의 이동 방향과 일치하는 F_x를 이용하여 일의 양을 계산한다.

$$W = F_x x = Fx\cos\theta \tag{7.3}$$

예제 7.1 질량 2kg의 물체에 수평면과 평행한 방향으로 2N의 힘을 가하여 10m를 이동시켰다. 일의 양은 얼마인가?

풀이 물체에 가한 힘의 방향과 이동 방향이 동일하므로

$$W = F \cdot x = (2\mathrm{N}) \cdot (10\mathrm{m}) = 20\mathrm{N} \cdot \mathrm{m} = 20\mathrm{J}$$

이다. ■

예제 7.2 종이 상자를 수평면과 45°를 이루며 끌어당기고 있다. 이때 15N의 힘으로 5m를 이동시켰다면 이 힘이 종이 상자에 한 일은 얼마인가?

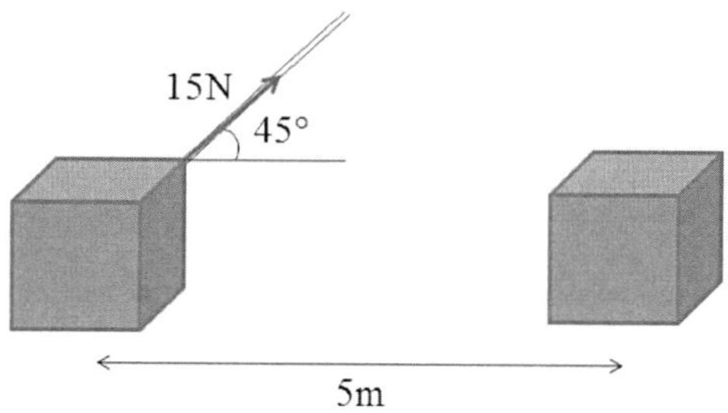

풀이 그림으로부터 종이 상자의 이동 방향과 평행한 힘의 성분 F_x는

$$F_x = 15\cos(45°) = 10.61\mathrm{N}$$

이므로 15N의 힘이 종이 상자를 5m만큼 이동시키기 위해 한 일은

$$W = F \cdot x = (10.61\mathrm{N}) \cdot (5\mathrm{m}) = 53.05\mathrm{J}$$

이다. ■

7.2 일과 일률의 관계

우리는 어떤 일을 할 때 그 일을 빨리 끝낼수록 그리고 같은 시간이 주어졌을 때 한 일이 더 많을수록 능률이 좋다고 한다. 이와 같이 단위 시간 동안의 일의 양을 일률이라 한다. 즉, 일률 P란 다음과 같이 물체에 한 일 W를 일을 하는데 걸

린 시간 t으로 나눈 것과 같다.

$$P = \frac{W}{t} \tag{7.4}$$

이때 일률의 SI 단위는 W(Watt, 와트)이며, 1W는 1초 동안 1J의 일을 할 때의 일률을 의미한다. 그리고 와트는 전력을 나타내는데 주로 사용되지만 에너지의 전달률을 나타낼 때 자주 사용되기도 한다.

이제 물체에 작용하는 힘과 속도 그리고 일률은 어떠한 관계가 있는지 살펴보도록 하자. 만일 물체에 일정한 힘 F가 작용하였을 때 t초 동안 힘의 방향을 따라 일정한 속도 v로 이동한 거리가 x라면 힘이 물체에 한 일은 $W = Fx$이다.

따라서 일률은 정의식 (7.4)로부터 다음과 같이 계산된다.

$$P = \frac{W}{t} = \frac{Fx}{t} = Fv \tag{7.5}$$

힘이 일정하게 작용하지 않는 경우에도 순간 일률은 위의 식과 동일하다. 또한, 위의 식으로부터 일률 P가 일정할 때 힘이 클수록 속도는 작아지고, 속도가 클수록 힘은 적어짐을 알 수 있다.

이는 자전거나 자동차를 타 본 사람이면 누구나 쉽게 이해할 있는 사실이다. 즉, 자동차나 자전거의 일률(P가 일정)은 일정하기 때문에 그림 7.4와 같이 자전거가 편평한 곳을 달릴 때에는 큰 힘이 요구되지 않아(F가 작음) 빠른 속력(v가 커짐)을 낼 수 있다. 그러나 경사길을 오를 때는 큰 힘(F가 큼)이 필요하므로 속력(v가 작아짐)은 느려지게 되는 것이다.

그림 7.4 편평한 곳은 속력이 빨라지고, 경사진 길은 속력이 느려진다.

예제 7.3 예제 7.1과 같이 질량 2kg의 물체에 수평면과 평행한 방향으로 2N의 힘을 가하여 3초 동안 10m를 이동시켰다면 일률은 얼마인가?

풀이 $P = \frac{W}{t} = \frac{Fx}{t} = \frac{2\text{N} \cdot 10\text{m}}{3s} = 6.67\text{W}$ ■

예제 7.4 정지된 물체에 10N의 힘을 가했을 때 5초 동안 2m/s의 속력으로 10m 이동하였다. 일률은 얼마인가?

풀이 $P = (10\text{N}) \cdot (2\text{m/s}) = 20\text{W}$ ■

7.3 운동 에너지

바람이나 흐르는 물은 물체를 움직일 수 있는 힘이 있다. 예를 들면, 우리는 바람 에너지를 이용해 바람개비나 풍차를 돌리고, 물 에너지를 이용해 물레방아나 수차를 돌리게 된다. 이는 바람이나 흐르는 물은 일을 할 수 있는 능력, 즉 에너지를 가지고 있음을 의미한다.

돛단배는 바람을 받으며 앞으로 나아간다. 약한 바람을 받으면 천천히, 강한 바람을 받으면 빨리 나아가게 되는 것이다. 이와 같이 바람에는 운동 에너지가 있어 이를 돛에 전달하고 운동 에너지를 받은 돛단배는 앞으로 나아가게 된다. 즉, 운동하는 물체는 다른 물체에 일을 할 수 있는 능력을 가지게 되는데 이를 운동 에너지라고 한다.

일반적으로 질량 m인 물체가 속도 v로 운동하고 있다면 운동 에너지(Kinetic energy, KE)는 다음과 같이 정의된다.

$$\text{KE} = \frac{1}{2}mv^2 \tag{7.6}$$

여기서 운동 에너지의 SI 단위는 일과 동일한 단위인 J이다.

위의 식으로부터 운동 에너지는 물체의 질량 및 속도의 제곱에 비례함을 알 수 있다. 예를 들어, 그림 7.5와 같이 1kg과 2kg의 자동차가 같은 속도인 1m/s로 달리다가 상자에 부딪힌다면 2kg의 승용차가 상자를 더 많이 밀게 된다. 이는 속도가 같은 경우 질량이 큰 물체가 더 큰 운동 에너지를 가지게 됨을 의미한다. 이때 운동 에너지는 질량에 비례한다.

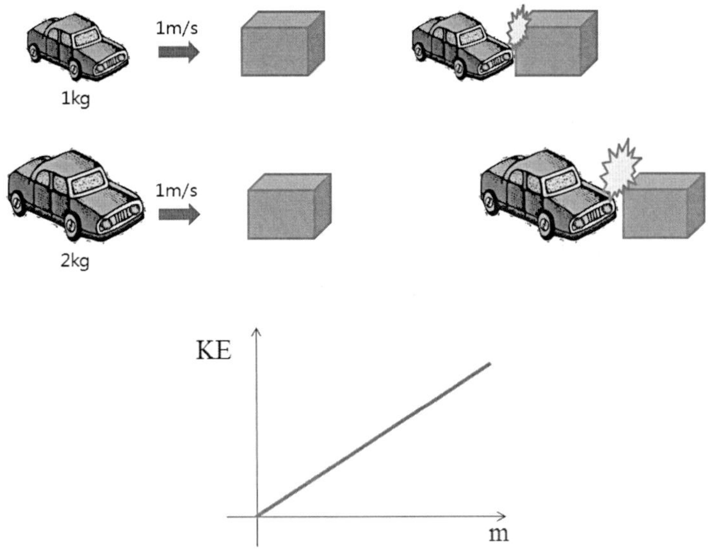

그림 7.5 물체의 운동 에너지는 질량에 비례한다

반면, 그림 7.6과 같이 질량이 같은 1kg의 두 승용차가 각각 1m/s와 2m/s의 다른 속도로 달리다가 상자에 부딪치면 2m/s의 속도로 달리던 승용차가 1m/s의 속도로 느리게 달리던 승용차보다 상자를 더 많이 밀게 된다.

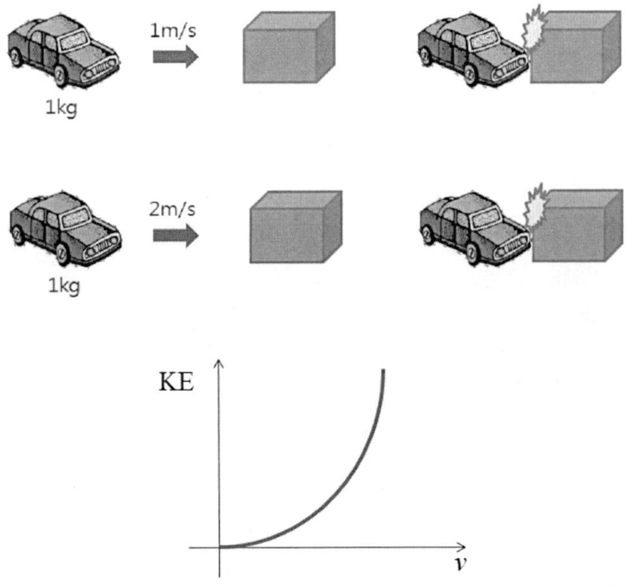

그림 7.6 물체의 운동 에너지는 속도의 제곱에 비례한다

이는 질량이 같을 때는 속도가 빠른 물체가 더 큰 운동 에너지를 갖는다는 것을 말해준다. 또한, 이때 운동 에너지는 속도의 제곱에 비례하게 된다. 자동차가 다른 물체와 충돌했을 때 속도가 빠를수록 더 많이 찌그러지는 것도 이러한 이유에서이다.

이제 운동 에너지와 일의 관계에 대해 살펴보도록 하자. 질량이 m인 상자가 일정한 힘 F를 받아 x만큼 이동했다고 할 때 뉴턴의 제2법칙으로부터 상자의 가속도 a를 구할 수 있다. 따라서 힘 F가 상자에 한 일 W은 다음과 같다.

$$W = Fx = (ma)x \tag{7.7}$$

만일 나무 상자의 초기 속력이 v_1이고 이동한 후 속력이 v_2가 되었다면 나중 속도와 처음 속도의 관계는 다음과 같다.

$$v_2^2 = v_1^2 + 2a(x - x_0) = v_1^2 + 2ax \tag{7.8}$$

따라서 식 (7.8)은 $ax = \dfrac{v_2^2 - v_1^2}{2}$로 표현할 수 있으며, 이를 식 (7.7)에 대입하면 다음과 같다.

$$W = m(ax) = \frac{1}{2}mv_2^2 - \frac{1}{2}mv_1^2 \tag{7.9}$$

위의 식으로부터 힘이 물체에 한 일은 운동 에너지의 변화와 같음을 알 수 있다. 즉, 물체가 초기 속도로 움직이고 있었다면 운동 에너지의 증가량은 해준 일과 같은 것이다.

반대로 물체에 해 준 일이 물체의 운동 에너지를 증가시킨다면 일이 물체의 에너지를 감소시키는 것도 가능하다. 즉, 힘은 물체를 가속시키기도 하지만 감속시키기도 한다. 예를 들면, 자동차의 브레이크는 달리는 자동차를 멈추게 한다. 이는 자동차가 멈출 때 운동 에너지를 잃는다는 것을 의미하고 운동 에너지의 감소는 운동 에너지가 음의 양만큼 변했다는 것을 뜻한다. 결론적으로 운동 에너지의 변화가 음이라면 자동차에 해준 일도 음이 된다.

예제 7.5 1kg의 공이 20m/s의 속도를 가지고 있다. 이 공의 운동 에너지는 얼마인가? 또한, 공을 정지시키기 위해 얼마만큼의 일이 필요한가?

풀이 공의 운동 에너지는

$$\mathrm{EK} = \frac{1}{2}mv^2 = \frac{1}{2}(1\mathrm{kg}) \cdot (20\mathrm{m/s})^2 = 100\mathrm{J}$$

이 되고, 공을 정지시키려면, 즉 $v_2 = 0$이 되도록 하려면

$$W = \frac{1}{2}mv_2^2 - \frac{1}{2}mv_1^2 = -100\mathrm{J}$$

의 일이 요구된다. 여기서 일이 음의 값을 가지는 것은 운동 에너지가 감소되었음을 의미한다. ■

예제 7.6 100kg의 상자에 40N의 힘을 가해 5초 동안 5m 움직인 후 상자의 속도가 2m/s가 되었다. 상자에 한 일을 구하고, 상자의 최종 운동 에너지를 구하라.

풀이 상자에 한 일은 $W = Fx = (40\mathrm{N})(5\mathrm{m}) = 200\mathrm{J}$이 된다. 이때 상자의 최종 운동 에너지는 $\mathrm{EK} = \frac{1}{2}mv^2 = \frac{1}{2}(100\mathrm{kg}) \cdot (2\mathrm{m/s})^2 = 200\mathrm{J}$이다. ■

7.4 위치 에너지

앞 절에서 설명한 바와 같이 운동 에너지는 어떤 물체가 운동 상태에 있을 때 가지고 있는 에너지를 의미하며, 위치 에너지는 말 그대로 어떤 물체가 어떤 위치에 있을 때 가지고 있는 에너지를 말한다.

구름에서 떨어지는 우박은 사람을 다치게 하거나 채소 같은 농작물에 구멍을 뚫어 농가에 많은 피해를 주기도 하며, 높은 산에서 떨어지는 물은 바위를 부수기도 한다.

이와 같이 높은 곳에서 아래로 떨어지는 물체는 다른 물체에 일을 할 수 있는 능력을 가지고 있음을 알 수 있다. 즉, 물체가 더 높은 곳에 위치해 있을수록 물체는 더 많은 에너지를 가지게 되는 것이다.

7.4.1 중력 위치 에너지

지구상의 모든 물체는 지구 중심을 향하는 중력을 받고 있다. 따라서 지면으로부터 어떤 높이에 있는 물체는 중력을 받아 아래로 떨어지면서 다른 물체에 일을 할 수 있다. 이와 같이 높은 곳에 있는 물체가 갖는 에너지를 위치 에너지 또는 중력에 의한 위치 에너지라고 한다.

그림 7.7과 같이 땅에 놓여 있는 질량 m의 물체를 위로 들어 올리는데 필요한 힘 F은 이 물체를 아래 방향으로 잡아당기는 중력 mg와도 같다.

따라서 질량 m인 물체를 높이 h까지 들어올리기 위해 물체에 한 일 W는 다음과 같다.

$$W = Fx = mgh \tag{7.10}$$

만일 이 물체를 그대로 놓는다면 아래로 떨어지면서 가속되고, $W = mgh$ 만큼의 일을 다른 물체에 할 수 있다. 즉, 물체를 높이 h만큼 들어올리기 위해 힘이 물체에 한 일은 중력에 의한 위치 에너지로 물체에 저장되고 이 물체가 떨어질 때 같은 양의 운동 에너지로 전환되는 것이다.

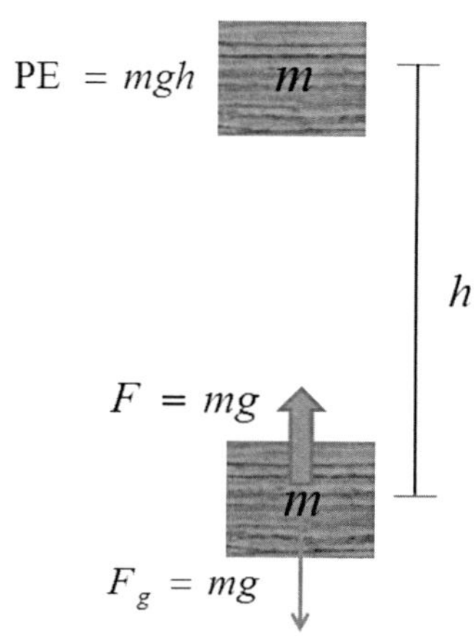

그림 7.7 질량 m인 물체를 h만큼 들어 올리면 mgh의 위치 에너지를 가진다

따라서 지면으로부터 어떤 높이에 있는 질량 m인 물체의 중력 위치 에너지 PE는 다음과 같다.

$$\mathrm{PE} = mgh \tag{7.11}$$

여기서 h는 기준 위치로부터 물체의 높이를 의미한다.

위의 식으로부터 중력에 의한 위치 에너지는 물체의 질량이 클수록 그리고 더 높이 위치할수록 크다는 것을 알 수 있다. 같은 위치에서 망치질을 하더라도 질량이 큰 망치가 못을 더 잘 박을 수 있으며, 같은 질량의 망치라도 더 높은 위치까지 올렸다 내리친 망치가 못을 더 잘 박을 수 있다는 것은 경험상 쉽게 이해할 수 있을 것이다.

예제 7.7 질량 2kg의 상자를 10m 높이까지 들어 올렸다면 이 물체의 중력 위치 에너지는 얼마인가?

풀이 $m = 2\ \mathrm{kg}$, $g = 9.8\mathrm{m/s^2}$, $h = 10\mathrm{m}$ 이므로 위치 에너지는

$$\mathrm{PE} = (2)(9.8\mathrm{m/s^2})(10\mathrm{m}) = 196\mathrm{J}$$

이다. ■

7.4.2 탄성 위치 에너지

그림 7.8과 같이 용수철 끝이나 고무줄을 세게 당겼다 놓으면 반대 방향으로 엄청난 큰 충격을 주게 된다. 활시위도 마찬가지이다. 활을 당겨 화살을 쏘면 화살이 날아간다. 이때 활시위를 많이 잡아당길수록 화살의 속력은 빨라지고 더 멀리 날아간다.

이와 같이 원래 위치에서 멀리 떨어질수록 큰 에너지를 가지게 되는데 이를 탄성력에 의한 위치 에너지라고 한다. 탄성력 또는 복원력이란 원래의 상태로 되돌아가는 힘을 의미한다. 이러한 탄성체는 원래의 상태로 되돌아가면서 다른 물체에 일을 할 수 있다.

그림 7.8 고무줄이나 활은 세게 당길수록 큰 에너지를 가진다

탄성 위치 에너지는 늘어난 길이에 비례한다. 또한, 잘 늘어나는 용수철보다 잘 늘어나지 않는 용수철을 늘일 때 더 많이 힘이 들기 때문에 같은 길이로 늘어난 용수철일지라도 억지로 당긴 용수철에 맞으면 더 큰 충격을 느낀다.

따라서 탄성력에 의한 위치 에너지는 다음과 같은 식으로 표현된다.

$$\mathrm{PE} = \frac{1}{2}kx^2 \qquad (7.12)$$

여기서 k는 용수철 상수로서, 용수철의 탄성력을 나타내 주는 비례 상수이다. 단위는 N/m로 1m 늘이는데 얼마만큼의 힘이 필요한가를 나타낸다. 따라서 k가 크면 용수철을 늘이거나 줄이는데 더 많은 힘이 든다. 또한, 용수철을 더 많이 늘이거나 줄일 때 더 많은 힘이 필요하다.

따라서 용수철을 x만큼 늘이거나 줄이기 위해 필요한 힘 F는 다음과 같다.

$$F = kx \qquad (7.13)$$

이 식을 훅의 법칙(hook's law)이라고도 한다.

예제 7.8 0.08m만큼 압축된 용수철에 저장된 탄성 위치 에너지가 100J이라 할 때 용수철 상수는 얼마인가 ?

풀이 식 (7.12)로부터 $k = \dfrac{2(100\ \mathrm{J})}{0.08^2} = 31250\mathrm{N/m}$ 임을 알 수 있다. ■

예제 7.9 130N의 힘을 가하여 용수철이 0.08m 늘어났다. 용수철 상수를 구하고 이 용수철에 저장된 탄성 에너지를 계산하라.

풀이 훅의 법칙으로부터 용수철 상수는 $k = \frac{F}{x} = \frac{130\text{N}}{0.08\text{m}} = 1625\text{N/m}$이며, 용수철의 탄성 에너지는 $\text{PE} = \frac{1}{2}kx^2 = \frac{1}{2}(1625)(0.08)^2 = 5.2\text{J}$이 된다. ■

7.5 역학적 에너지 보존 법칙

운동하고 있는 물체의 운동 에너지와 위치 에너지의 합을 역학적 에너지라고도 한다. 아래로 떨어지는 물체의 위치 에너지는 감소하지만 운동 에너지는 점점 증가한다. 예를 들면, 밑으로 흐르는 물의 위치 에너지는 감소되나 운동 에너지는 증가하여 물레방아를 돌리게 되는 것이다. 이때 감소한 위치 에너지는 없어진 것이 아니라 운동 에너지로 전환된 것으로 볼 수 있다. 그렇다면 이들 두 에너지 사이에는 어떤 관계가 있을까?

에너지가 무엇인가를 알기보다 에너지가 어떻게 전환되는가를 이해하는 것이 더 중요하다. 이를 통해 자연에서 일어나는 거의 모든 현상과 변화를 보다 쉽게 이해할 수 있기 때문이다.

그림 7.9와 같이 질량 m인 공을 자유 낙하시켜 지면으로부터 높이가 h_1, h_2인 곳을 지날 때 공의 속도가 각각 v_1, v_2라고 하자.

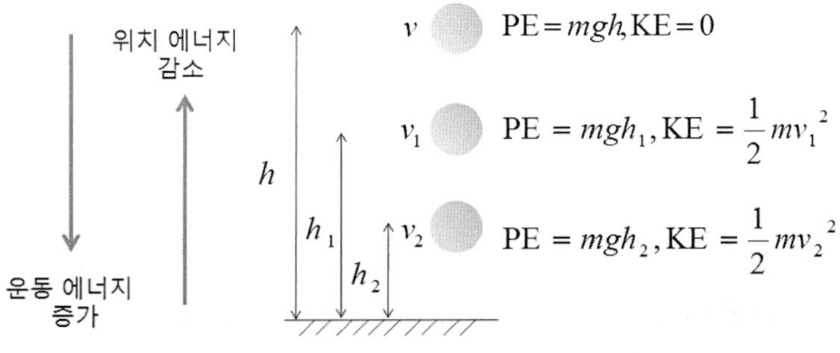

그림 7.9 자유 낙하하는 공의 위치 에너지와 운동 에너지의 변화

처음 위치에서 공이 떨어지는 순간에는 운동 에너지가 0이고 중력 위치 에너지는 mgh이다. 그러나 공이 아래로 떨어지면서 높이 h_1인 곳을 지날 때 공의 중력 위치에너지는 mgh_1으로 감소되고 운동 에너지는 $\frac{1}{2}mv_1^2$으로 증가한다. 마찬가지로 공이 높이 h_2인 곳을 지날 때에는 중력 위치 에너지는 mgh_2로 더 감소되며 운

동 에너지는 $\frac{1}{2}mv_2^2$으로 더욱 더 증가한다.

즉, 공이 높이 h_1에서 h_2로 낙하할 때 감소한 위치 에너지는 $mgh_1 - mgh_2$이며, 이때 속력은 v_1에서 v_2로 빨라져서 증가된 운동 에너지는 $\frac{1}{2}mv_2^2 - \frac{1}{2}mv_1^2$이다. 감소한 위치 에너지는 증가된 운동 에너지와 같으므로 다음의 식이 성립된다.

$$mgh_1 - mgh_2 = \frac{1}{2}mv_2^2 - \frac{1}{2}mv_1^2$$

$$\text{또는} \quad mgh_1 + \frac{1}{2}mv_1^2 = mgh_2 + \frac{1}{2}mv_2^2 \tag{7.14}$$

위의 식으로부터 물체가 자유 낙하하는 과정에서 물체의 운동 에너지와 중력 위치 에너지의 합은 언제나 일정함을 알 수 있다. 즉, 물체의 역학적 에너지는 항상 보존된다. 이를 역학적 에너지 보존의 법칙이라고 한다.

예제 7.10 어린이가 6.5m 높이의 창문에서 인형을 떨어뜨렸다. 땅에 떨어지기 직전의 인형의 속력은 얼마인가?

풀이 인형의 처음 속력은 0이므로 운동 에너지는 KE = 0, 위치 에너지는 PE = mgh이다. 그러나 인형이 땅에 떨어질 때 위치 에너지는 PE = 0이 되고, 속력을 v라 하면 운동 에너지는 $\frac{1}{2}mv^2$이므로 역학적 에너지 보존에 의해 $mgh = \frac{1}{2}mv^2$가 된다. 이 식을 다시 정리하면 땅에 떨어졌을 때의 속력은 $v = \sqrt{2gh}$가 되므로 $v = \sqrt{2(9.8)(6.5)} = 11.29\,\mathrm{m/s}$가 된다. ■

진자의 운동에서도 역학적 에너지 보존은 성립된다. 그림 7.10과 같이 진자를 한쪽으로 흔들어 주면 중력의 영향을 받아 연직면 내에서 주기적으로 진동하게 된다. 시계의 진자는 이러한 원리를 이용한 것이다.

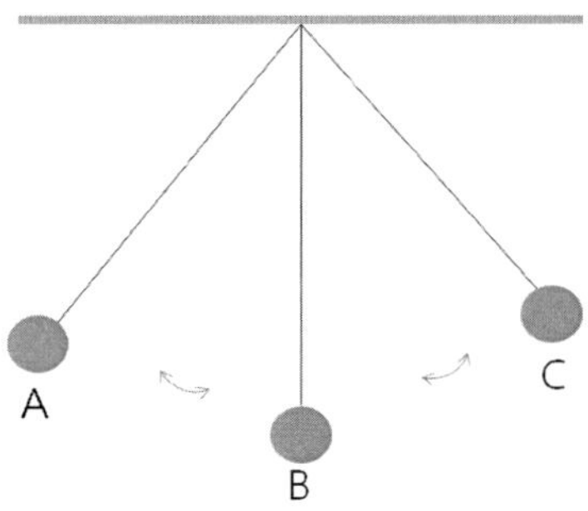

그림 7.10 진자의 운동

진자는 흔들림의 폭이 가장 큰 A점과 B점에서 가까울수록 속도가 차츰 작아진다. 따라서 B점에서 A점 또는 C점에서 올라갈 때 운동 에너지는 감소하는 반면 위치 에너지는 증가한다. 이는 운동 에너지의 일부가 위치 에너지로 전환되었기 때문이다. 마찬가지로 A점 또는 C점에서 B로 내려갈 때 속도가 점점 빨라지므로 위치 에너지는 감소하는 대신 운동 에너지는 증가한다. 이는 위치 에너지의 일부가 운동 에너지로 전환되었기 때문이다.

그림 7.11은 시간에 따른 진자의 에너지를 보인 것이다.

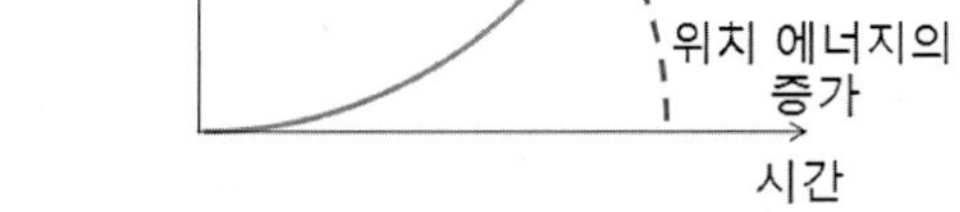

그림 7.11 시간에 따른 진자의 에너지 변화

예제 7.11 질량 2kg의 추를 길이 3m인 줄 끝에 매달아 A점에서 가만히 두었더니 B점을 지나 C점까지 갔다. 공기의 저항을 무시할 때 (a) B점에서 추의 속력이 7m/s이다. B점에서의 위치 에너지를 0이라 할 때 C점에서의 위치 에너지는 얼마인가? (b) 천장에서 A점까지의 높이 h는 얼마인가?

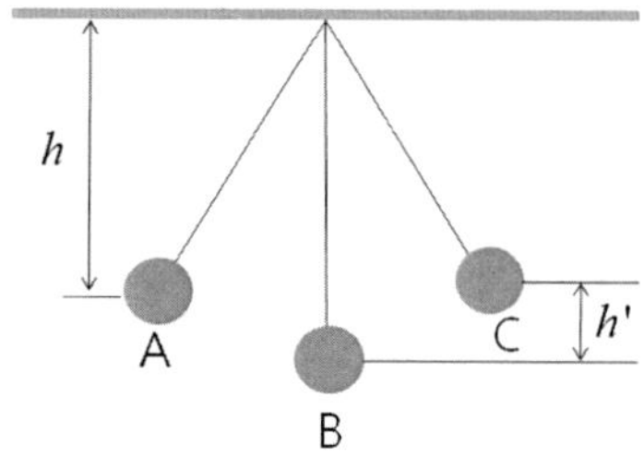

풀이 (a) B점에서 PE = 0, $KE = \frac{1}{2}(2kg)(7m/s)^2 = 49J$이다. 또한, C점에서는 KE = 0이고 PE = mgh′이다. 역학적 에너지 보존에 의해 B점에서의 운동 에너지는 C점에서의 위치 에너지의 양과 같으므로 C점에서의 위치 에너지는 49J이 된다.

(b) A점에서의 위치 에너지는 B점에서의 운동 에너지와 같으므로 $PE = (2kg)(9.8m/s^2)h' = 19.6h'$이다. 따라서 $0 + 49 = 19.6h' + 0$으로부터 $h' = 2.5m$이다. 이때 줄의 길이가 3m이므로 h는 3m − 2.5m = 0.5m가 된다. ■

7.6 반발 계수

탁구공이나 야구공처럼 잘 튀는 물체가 있는가 하면 찰흙처럼 바닥에 던지면 튀지 않고 그냥 붙어 버리는 것도 있다. 이와 같이 물체가 충돌할 때 튕겨 나가는 모습은 물체마다 다르며, 튕겨지는 정도는 물체의 탄성에 따라 다른 값을 가진다.

일반적으로 충돌 후 물체의 속도는 그 물체가 튕겨지는 정도에 따라 달라진다. 따라서 충돌 전과 충돌 후의 물체들이 가지는 상대 속도의 비를 이용하여 충돌하는 물체들의 성질을 나타낼 수 있다.

그림 7.12와 같이 야구공을 속도 v로 땅에 던졌을 때 땅과 충돌한 후 속도 v'로 튕겨 나왔다고 하자.

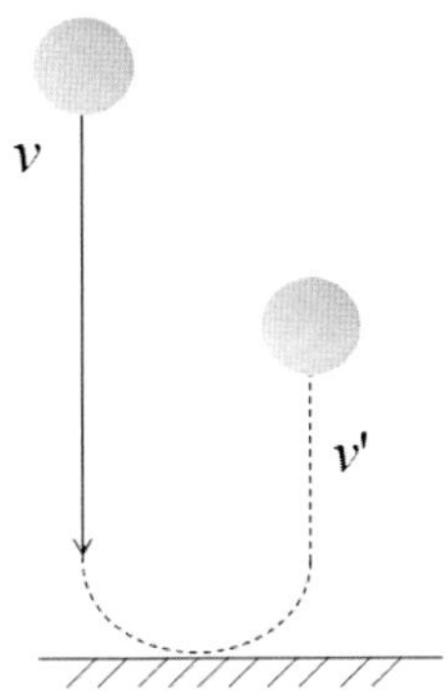

그림 7.12 속도 v로 던진 공이 속도 v'로 튕겨져 나온 경우

이때 충돌 전후 속도의 비를 반발계수 e라 하며 다음과 같다.

$$e = -\frac{v'}{v} \tag{7.15}$$

또한, 그림 7.13과 같이 각각 v_1, v_2의 속도로 운동하던 두 구가 충돌하여 충돌 후에 각각 v_1', v_2'이 되었다면 반발계수는 다음과 같이 충돌 전후 상대 속도의 비로 나타낸다.

$$e = -\frac{v_1' - v_2'}{v_1 - v_2} \tag{7.16}$$

이때 반발계수는 일반적으로 0에서 1 사이의 값을 가진다.

그림 7.13 물체의 충돌 전후

충돌 문제에서 만일 반발계수가 $e = 1$이면 완전 탄성 충돌 또는 탄성 충돌이라 한다. 이 경우 식 (7.16)으로부터 충돌 전후의 상대 속도가 변하지 않는다. 이러한 탄성 충돌의 예로는 근사적으로 당구공의 충돌이나 기체 분자의 충돌, 원자핵 반응

등을 들 수 있다.

또한, 반발계수의 범위가 $0 < e < 1$이라면 비탄성 충돌이라고 한다. 실제로 대부분의 충돌은 이 경우에 해당된다. 특히 $e = 0$인 경우에는 충돌 후 상대 속도가 0인 경우이므로 충돌 후 두 물체가 하나로 붙어서 운동하는 것을 의미한다. 이러한 충돌을 완전 비탄성 충돌이라고 한다.

4장에서 우리는 물체가 충돌할 때 충돌 전후의 운동량은 언제나 일정하게 보존된다는 운동량 보존 법칙에 대해 공부하였다. 그러나 운동 에너지는 반발계수가 어떤 값을 가지느냐에 따라 보존될 수도 있고, 보존되지 않을 수도 있다.

탄성 충돌에는 충돌 전후의 상대 속도의 크기가 같으므로 운동량뿐만 아니라 운동 에너지도 보존된다.

이에 비해 비탄성 충돌에서는 운동 에너지가 보존되지 않고 충돌 후 운동 에너지는 충돌 전보다 작아진다. 그 이유는 충돌 과정에서 충돌 전 운동 에너지의 일부가 열이나 소리 에너지 등과 같은 다른 형태의 에너지로 전환되기 때문이다. 또한, 충돌 후 두 물체가 서로 붙어 하나로 운동하는 완전 비탄성 충돌에서는 운동 에너지의 손실이 최대가 된다.

연 습 문 제

1. 상자에 수평으로 15N의 힘을 가하여 5m만큼 이동시켰다. 이 힘이 한 일은 얼마인가?

2. 정지된 물체에 6W의 일률로 10J의 일을 했을 때 속력이 3m/s가 되었다.

   (a) 이 물체의 가속도는 얼마인가?

   (b) 이 물체의 질량은 얼마인가?

3. 어떤 사람이 0.18kg의 물체를 35m/s의 속력으로 던진다면 이 물체의 운동 에너지는 얼마인가?

4. 체중이 50kg인 여자가 35°만큼 기울어진 계단을 5m만큼 올라갔다. 이 사람이 중력에 대해 한 일은 얼마인가?

5. 질량 10kg의 물체를 30° 기울어진 빗면을 따라 5m 끌어 올렸다. 이때 물체의 위치 에너지는 얼마이며, 얼마나 증가하였는가?

6. 질량이 0.3kg인 공을 초속 10m/s로 수직으로 던져 올렸다. (a) 공이 올라가는 최대 높이는 얼마인가? (b) 최대 높이에서 이 공의 위치 에너지와 던지는 순간의 운동 에너지는 얼마인가? 단 중력 가속도는 9.8m/s^{2}으로 한다.

7. 15N의 힘을 가하여 용수철을 0.5m 만큼 늘였다. (a) 용수철의 탄성 계수를 구하라. (b) 용수철을 0.8m 늘이는데 필요한 일은 몇 J인가?

8. 몸무게가 60kg인 다이빙 선수가 수면에서 10m 높이에 있는 다이빙대에서 뛰어 내렸다. 선수가 입수하기 직전의 속력은 얼마인가?

제 8 장

정전기 현상

1. 정전기
2. 전기력
3. 전기장
4. 전기력선
5. 가우스 법칙

8.1 정전기

8.1.1 정전기란?

영국의 탈레스는 털가죽으로 문지른 호박이 머리카락이나 흐르는 물줄기와 같은 작고 가벼운 물체를 잡아당기는 현상을 발견하였으며, 이를 일렉트론(electron, 호박현상)이라 명명하였다. 이러한 전기 현상은 마찰에 의한 것으로서 물체 위에 정지해 있는 전기를 뜻하므로 마찰 전기 또는 정전기(靜電氣, static electricity)라고도 한다.

원자는 물질을 구성하는 최소 단위로서 그림 8.1과 같이 원자핵과 핵 주위를 주회하는 전자로 구성된다. 그리고 원자핵은 양(+) 전하를 띠는 양성자와 중성자로 이루어져 있으며, 전자는 음(−) 전하를 띠고 있다.

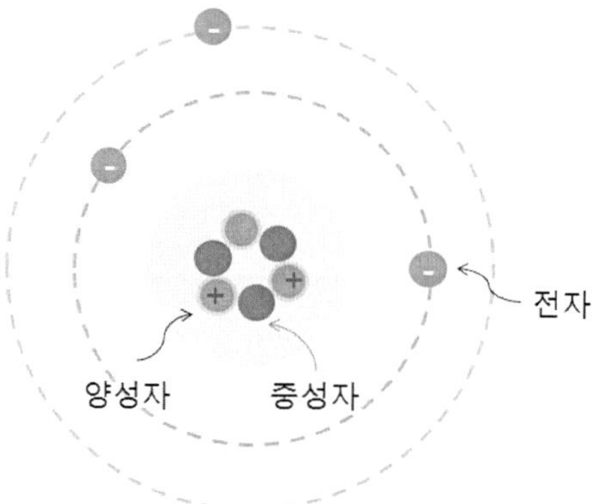

그림 8.1 원자의 구조

양성자와 중성자는 강한 힘으로 결속되어 있기 때문에 양성자는 쉽게 움직일 수 없으며, 원자핵은 전자를 강한 힘으로 잡아당기고 있다. 또한, 평소에는 양성자와 전자의 수가 같기 때문에 원자는 전기적으로 중성이다. 그러나 원자핵으로부터 멀리 떨어져 있는 전자는 구속력이 약하므로 충격이 가해지면 외부로 쉽게 이탈할 수 있다. 이와 같이 전자가 이탈함으로써 원자는 양(+) 전하가 더 많아지게 되고 이로 인해 전기적으로 양(+)의 전기를 띠게 된다. 반대로 외부로부터 전자를 얻게 되면 중성이던 물체는 음(−)의 전기를 띠게 된다. 어떤 요인으로 인해 물체가 전하를 띠는 것을 대전되었다고 한다.

이때 한 물체가 전자를 잃으면 다른 물체가 이 전자를 얻기 때문에 전하는 새로 생성되거나 소멸되지 않는다. 즉, 물체들 사이에서 주고받는 전하의 총량은 항상 일정하다. 이것을 전하량 보존 법칙이라고 한다.

당시 탈레스는 몰랐지만 이후 길버트(William Gilbert, 1544–1604)는 아래와 같이 각종 물질을 서로 문질러 보고 물체가 어떤 전기를 띠는지 순서를 나열하였다.

(+) → 털가죽 → 유리 → 명주 → 솜 → 고무
→ 셀룰로이드 → 에보나이트 → (−)

그림 8.2 대전열

예를 들어, 그림 8.3과 같이 털가죽으로 유리를 문지르면 털가죽은 양(+), 유리는 음(−) 전기를 띠게 된다. 그러나 명주로 유리를 문지르게 되면 유리는 양(+), 명주는 음(−)의 전기를 띠게 되는 것이다. 이와 같이 마찰에 의한 전기는 물체의 종류뿐만 아니라 문지른 물체에 따라 양(+) 또는 음(−)의 전기를 띠게 됨을 알 수 있다.

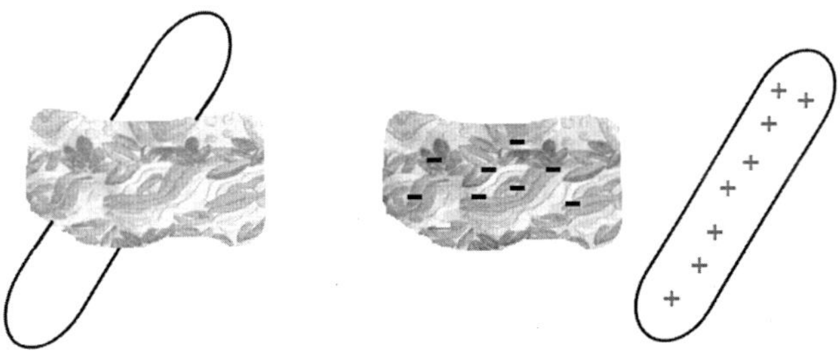

그림 8.3 마찰에 의한 대전

그런데 앞에서 호박만 마찰시켰음에도 불구하고 중성인 물줄기는 왜 끌려왔던 것일까? 이러한 현상은 전기 현상 중의 하나인 정전기 유도 때문이라 할 수 있다. 나무나 종이, 그리고 물과 같은 절연체는 대전된 물체를 가까이 가져가면 그림 8.4와 같이 내부의 전하 위치가 재배열된다. 즉, 절연체의 한쪽 방향은 양(+), 다른 한쪽은 음(−)으로 분극된다. 따라서 양으로 대전된 물체를 가져가면 대전체와 가까운 쪽은 항상 다른 종류의 전기로 대전되며, 이로써 대전체와 절연체는 인력이 작용하여 서로 끌어당기게 된다.

종합해 보면 물체가 전기를 띠게 되는 원인은 마찰에 의한 대전과 유도에 의한 대전 때문이다. 어떠한 경우이든 양(+) 또는 음(−)으로 대전된 물체는 서로 간에 밀거나 당기는 힘이 작용한다.

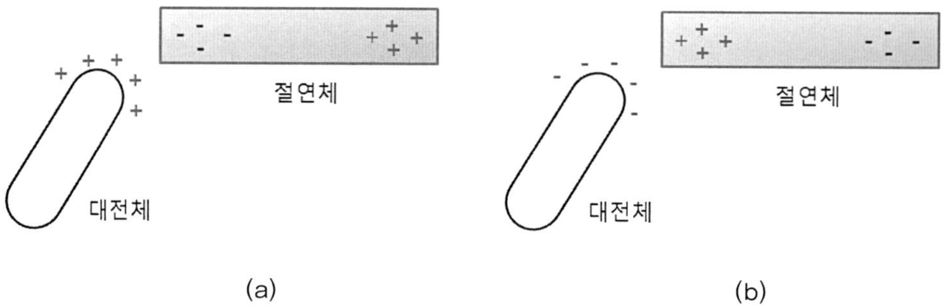

그림 8.4 유도에 의한 대전

명주로 유리를 문질러 유리는 양(+)으로 명주는 음(−)으로 대전시키고 그림 6.5와 같이 양(+)으로 대전된 유리와 유리를 서로 가까이 가져가 보자. 이 경우는 두 대전체가 서로 밀어내게 된다. 마찬가지로 음(−)으로 대전된 명주와 명주를 가까이 가져갈 경우에도 서로 밀어내고 있다. 반면, 양(+)으로 대전된 유리를 음(−)으로 대전된 명주 가까이 가져갈 경우에는 서로 당기게 된다.

이와 같이 전하는 서로 같은 극끼리는 밀어내는 척력이 작용하고, 다른 극끼리는 끌어당기는 인력이 작용한다. 마치 사람들이 동성보다는 이성에 서로 끌리는 것과 유사하다고 볼 수 있다.

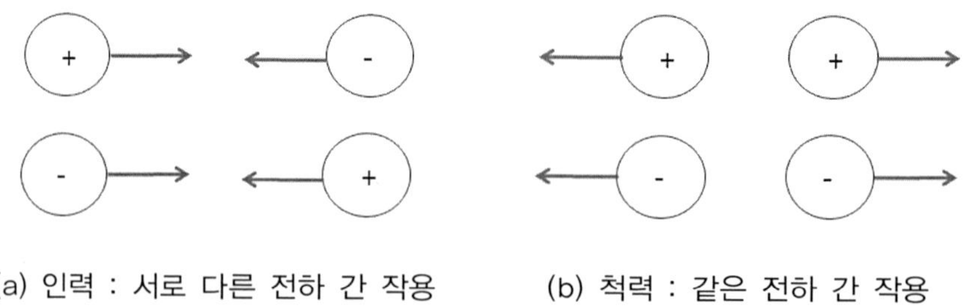

그림 8.5 전하 간의 척력과 인력

8.1.2 정전기의 이용

여러분은 건조한 겨울날 자동차 문을 열거나 다른 사람의 몸에 손이 닿을 때 순간적으로 손이 찌릿해 오는 정전기 현상을 자주 경험했을 것이다. 이와 같이 정전기는 매우 불쾌하고 불필요한 것으로 여겨지지만 알고 보면 우리 생활에 매우 유용한 전기적 성질이다.

자동차 도색은 정전기 유도 현상을 이용한 대표적인 예이다. 이는 도색할 자동차를 정전기 유도를 이용해 대전시켜 놓고 다른 극으로 대전된 페인트를 뿌림으로써 자동차 곳곳에 페인트가 잘 달라붙게 한 것이다.

또한, 가정에서 음식 보관을 위해 사용하는 랩은 랩을 뜯을 때 정전기가 발생하여 그릇 등에 잘 달라붙게 한다.

번개가 한 번 치면 100W짜리 전구 10만개를 1시간 넘게 켤 수 있을 만큼 엄청난 전기 에너지가 나오게 된다. 번개의 원인인 구름이 바로 발전소인 셈이다. 번개의 전기를 생활에 이용하면 좋으나 번개 치는 시간이나 정소를 정확하게 알기 어렵고 공기 중에서 사라지는 에너지도 많다. 그리고 엄청난 전기 에너지를 순간적으로 모을 수 있는 기계도 없다. 그러나 연구 중이므로 언젠가는 번개의 에너지를 사용할 수 있을 것이다.

8.2 전기력 : 쿨롱의 법칙

8.2.1 두 전하 사이에 작용하는 전기력

앞 절에서 전하 간에는 서로 밀어내거나 끌어당기는 힘이 작용한다는 것을 설명하였다. 그렇다면 전하들 사이에 작용하는 전기력은 전하량과 두 전하 사이의 거리와 어떤 관계가 있을까?

프랑스의 물리학자 쿨롱(Column, 1736-1806)은 비틀림 저울을 사용하여 두 전하 사이에 작용하는 인력과 척력을 정량적으로 측정하였다.

비틀림 저울은 그림 8.6과 같이 가는 수정실에 가벼운 절연 막대를 매달고 양끝에 두 개의 금속구를 고정시킨 것이다. 여기에 대전된 금속구를 가까이 가져가면 인력 또는 척력에 의해 절연 막대는 회전하게 되고 실은 비틀리게 된다. 이때 실의 비틀림 탄성에 의한 복원력과 전기력이 평형을 이루는 위치에서 비틀림 실과 연결된 구는 정지하게 된다.

윗부분에는 눈금이 있어서 비틀림 각도를 읽을 수 있으며, 이것을 측정하면 전기력의 크기를 알 수 있다. 이때 대전된 금속구의 전하량에 따라 절연 막대에 매달린 금속구가 받는 전기력(인력 또는 척력)은 대전체가 띤 전하량과의 곱에 비례하고 이들 사이의 거리의 제곱에 반비례한다는 알게 되었다.

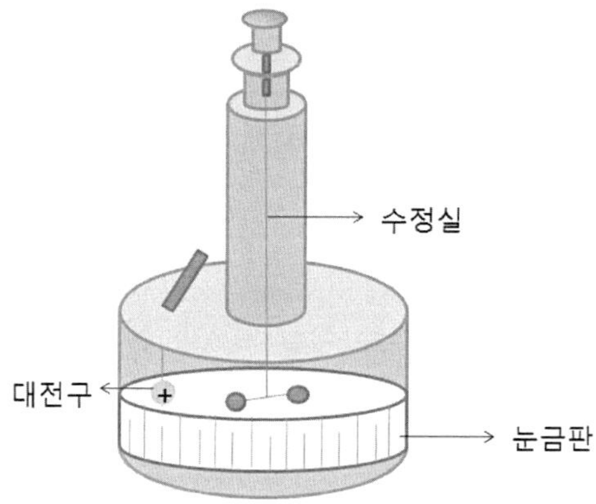

그림 8.6 비틀림 저울

따라서 그림 8.7과 같이 두 전하량을 각각 Q와 q, 두 전하 사이의 거리를 r이라 할 때, 이들 사이에 작용하는 전기력 F는 다음과 같이 수식으로 표현할 수 있다. 이 식을 쿨롱의 법칙이라 한다.

$$F = k\frac{Qq}{r^2} \tag{8.1}$$

여기서 $k = \frac{1}{4\pi\epsilon_0} = 9\times10^9$는 상수로서 SI 단위는 $N\cdot m/C^2$이며, ϵ_0는 진공 상태의 유전율로서 $8.854\times10^{-12}\ C^2/N\cdot m$이다.

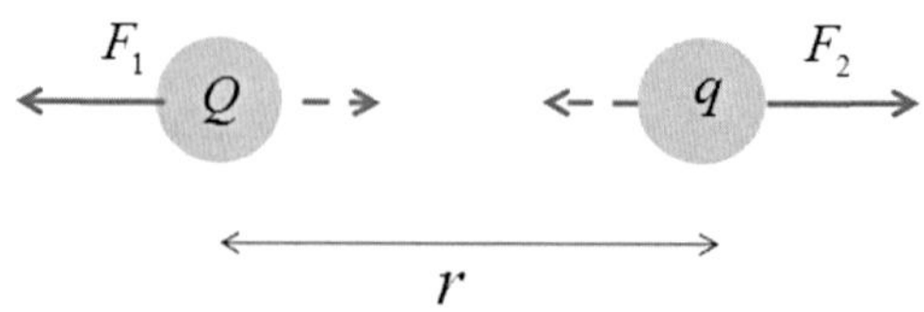

그림 8.7 쿨롱의 법칙 : 두 전하 사이에 작용하는 힘

이때 전기력 F는 크기뿐만 아니라 부호를 가지는 벡터량이다. 예를 들어, Q, q가 모두 같은 극, 즉 양(+) 또는 음(−)으로 대전되어 있다면 전기력의 부호는 양(+)이 된다. 이는 곧 두 전하 사이에 척력이 작용하고 있음을 의미한다. 반면, 두 전하가 서로 다른 극으로 대전되어 있다면 전기력의 부호는 음(−)이 되고 인력이 작용하고 있음을 알 수 있다.

예제 8.1 전하량이 각각 $1\mu C$, $2\mu C$이고 서로 1cm 떨어져 있다. 이들 사이의 전기력을 구하라.

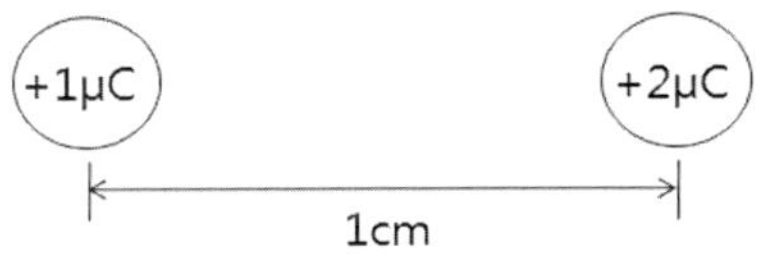

풀이 $F = k\dfrac{Qq}{r^2} = (9\times 10^9)\cdot \dfrac{(1\times 10^{-6})\cdot(2\times 10^{-6})}{(10^{-2})^2} = 180\,\mathrm{N}$

이 된다. 이때 전기력 F의 부호는 양이므로 두 전하 사이에는 척력이 작용함을 의미한다. 문제에서 두 전하 모두 같은 극을 가지므로 척력이 작용하고 있음을 직관적으로도 알 수 있다.

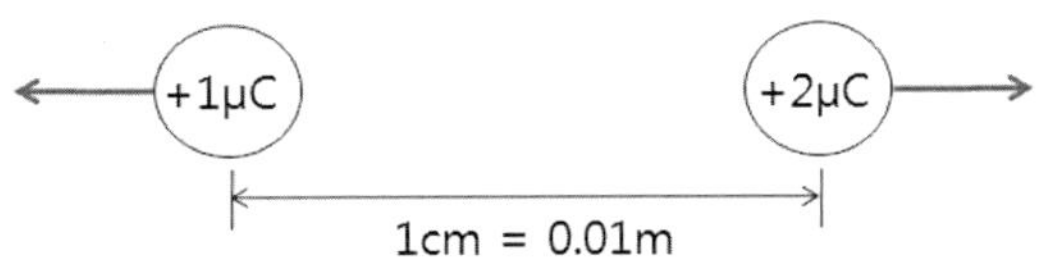

■

8.2.2 두 개 이상의 전하 사이에 작용하는 전기력

앞 절에서 전기력은 크기뿐만 아니라 방향 성분을 가지는 벡터량임을 알 수 있었다. 따라서 두 개 이상의 전하 사이에 작용하는 전기력을 구하려면 각 전하들 사이에 작용하는 전기력을 구한 후 3장에서 배웠던 벡터합을 구해야 한다.

$$F = F_1 + F_2 + \cdots \tag{8.2}$$

이는 한 전하에 작용하는 전기력은 주위의 전하가 독립적으로 미치는 전기력의 중첩으로 계산됨을 의미한다. 이를 전기력에 대한 중첩의 원리라 한다. 다음의 예제를 통해 이해해 보도록 하자.

예제 8.2 그림과 같이 전하량이 각각 +3μC, −2μC 그리고 −1μC인 세 점전하가 x축 상에 일렬로 배치되었을 때 −2μC에 작용하는 전기력을 구하라.

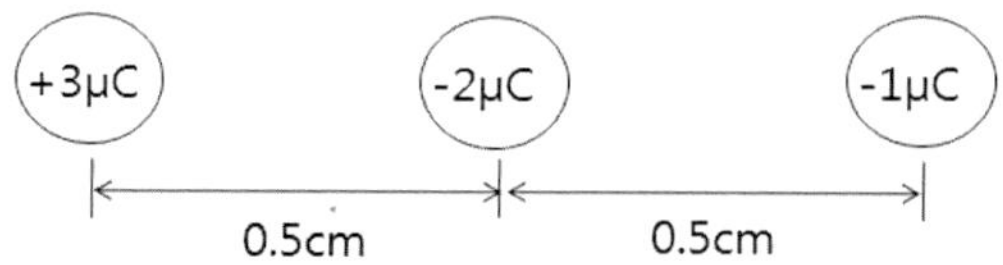

풀이 +3μC이 −2μC에 작용하는 힘과 −1μC이 −2μC에 작용하는 힘을 각각 F_{21}, F_{32}라 하면,

$$F_{12} = (9\times10^{9})\cdot\frac{(3\times10^{-6})\cdot(-2\times10^{-6})}{(0.5\times10^{-2})^2} = -2.16\,\text{kN}$$

$$F_{32} = (9\times10^{9})\cdot\frac{(-2\times10^{-6})\cdot(-1\times10^{-6})}{(0.5\times10^{-2})^2} = 0.72\,\text{kN}$$

이 된다.

따라서 −2μC에 작용하는 합력은

$$F = F_{12} + F_{32} = 2.16 - 0.72 = 1.44\text{ kN}$$

이 되며, 힘의 방향은 F_{21}과 동일하다. 이를 그림으로 나타내면 다음과 같다.

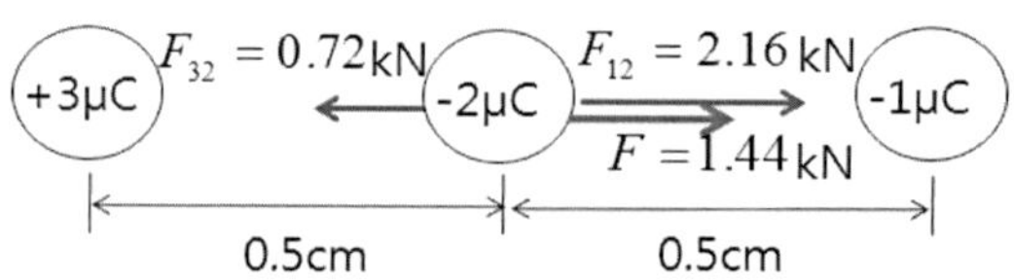

■

8.3 전기장

임의의 어느 한 곳에 전하를 두고 주위에 시험 전하를 놓으면 시험 전하는 끌려가거나 밀려가게 된다. 이는 전하가 놓인 공간에 전기력이 작용한다고 볼 수 있다.

이와 같이 전하에 전기력이 미치는 공간을 전기장이라 한다. 이때 전기장의 세기 E는 다음과 같이 양의 시험 전하 q_0를 전기장에 놓았을 때 시험 전하가 받는 힘의 크기 F로 정의된다.

$$E = \frac{F}{q_0} \tag{8.3}$$

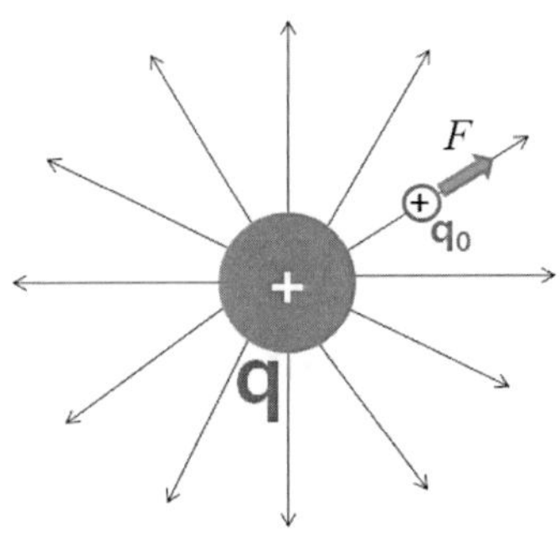

그림 8.8 전기장

여기서 전기장의 방향은 전기력 F의 방향과 같으며, SI 단위는 N/C(뉴턴/쿨롬)이다.

전기장의 세기는 쿨롱의 법칙을 이용하여 다르게 표현할 수 있다. 예를 들어, 전하 Q에서 거리 r만큼 떨어진 곳에서의 전기장은 다음과 같다.

$$E = \frac{F}{q_0} = \left(k\frac{Qq_0}{r^2}\right)/q_0 = k\frac{Q}{r^2} \tag{8.4}$$

위의 식으로부터 전기장의 세기는 일정하지 않고 전하 Q로부터의 거리가 증가함에 따라 감소함을 알 수 있다.

위에서 언급한 바와 같이 전기장은 전기력과 같은 방향을 갖는 벡터량이다. 따라서 공간상에 여러 개의 전하가 있을 때 전기장을 구하려면, 각 전하가 단독으로 있을 때 주위에 만드는 전기장을 계산하고 이들 전기장을 벡터적으로 합해야 한다.

$$E = E_1 + E_2 + \cdots \tag{8.5}$$

예제 8.3 세 개의 같은 양(+)의 전하가 정삼각형의 모서리에 놓여 있다. A점의 전하 q의 위치에서 다른 두 전하에 의한 전기장은 얼마인가?

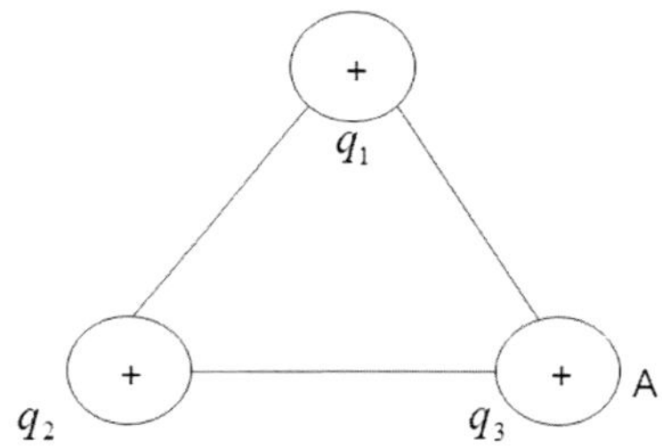

풀이 $+q_1$이 $+q_3$에 작용하는 전기장과 $+q_2$가 $+q_3$에 작용하는 전기장을 각각 E_{13}, E_{23}이라 하면,

$$E_{13} = k\frac{q_0}{r^2}\,\text{N/C},\ \ E_{23} = k\frac{q_0}{r^2}\,\text{N/C}$$

이 된다.

연산의 편의를 위해 이를 단위 벡터를 이용하여 표현하면

$$E_{13} = k\frac{q_0}{r^2}\cos 45°\vec{i} - k\frac{q_0}{r^2}\sin 45°\vec{j} = k\frac{q_0}{\sqrt{2}\,r^2}\vec{i} - k\frac{q_0}{\sqrt{2}\,r^2}\vec{j},\ \ E_{23} = k\frac{q_0}{r^2}\vec{i}$$

이 된다.

따라서 A점에 작용하는 전기장의 크기는

$$E = E_{13} + E_{23} = 1.707k\frac{q_0}{r^2}\vec{i} - k\frac{q_0}{r^2}\vec{j}$$

이 되며, 전기장의 크기는

$$|E| = 1.98k\frac{q_0}{r^2}\ \text{N/C}$$

각도는 −30.54°이다.

이를 그림으로 나타내면 다음과 같다.

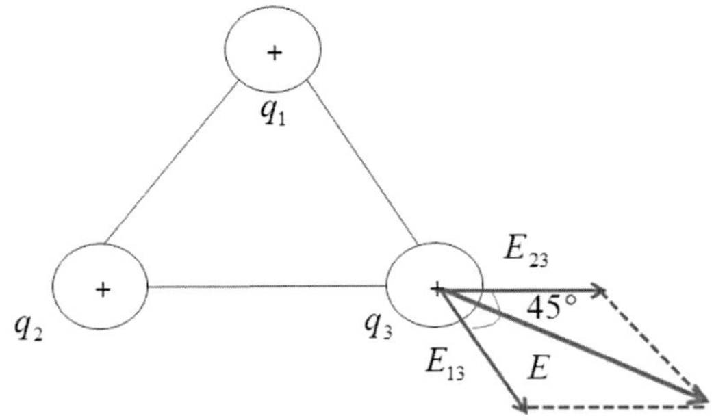

8.4 전기력선

전기력선은 전기장을 가시적으로 이해하기 위해 도입된 것으로서, 전하 주위에 단위 양전하(+1C)를 놓았을 때 이 전하가 힘을 받아 이동하는 모양을 직선 또는 곡선 형태로 그린 것이다. 모든 전하 분포에 의한 전기력선은 다음의 특성을 가진다.

- 전기력선은 양전하에서 시작하여 음전하에서 끝난다.
- 전기력선은 서로 교차하거나 끊어지지 않는다.
- 전기장의 방향은 공간의 모든 점에서 전기력선에서 그은 접선 방향이다.
- 전기장의 세기는 전기력선에 수직한 단면을 지나는 전기력선의 수에 비례한다. 즉, 전기력선이 밀할수록 전기장의 세기는 크고, 소할수록 전기장의 세기는 작다.

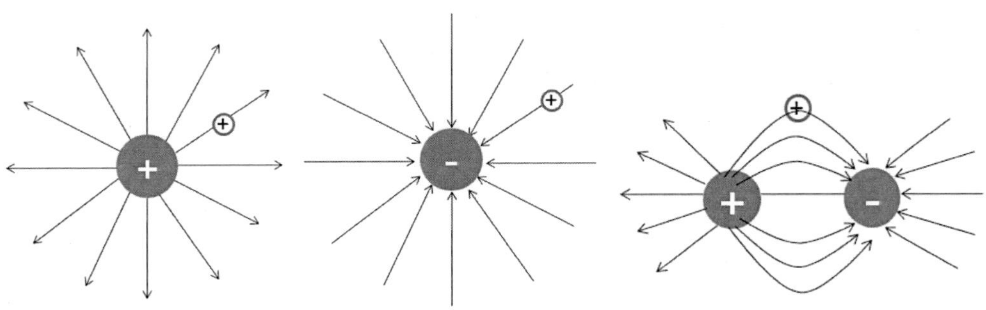

(a) (b) (c)

그림 8.9 전기력선

8.5 가우스 법칙

8.5.1 전기선속

임의의 단면을 통과하는 전기력선의 수를 전기선속이라 한다. 그림 8.8과 같이 단면적의 크기가 A이고, 면에 수직한 방향으로 전기력선이 통과하고 있다고 가정해 보자. 이때 단위 면적당 전기력선의 수는 전기장의 세기와 면적에 비례하므로 면적 A인 평면을 통과하는 전기선속은 다음과 같이 정의된다.

$$\phi_E = ES \tag{8.6}$$

이때 전기선속의 SI 단위로 $\mathrm{N \cdot m^2/C}$이다.

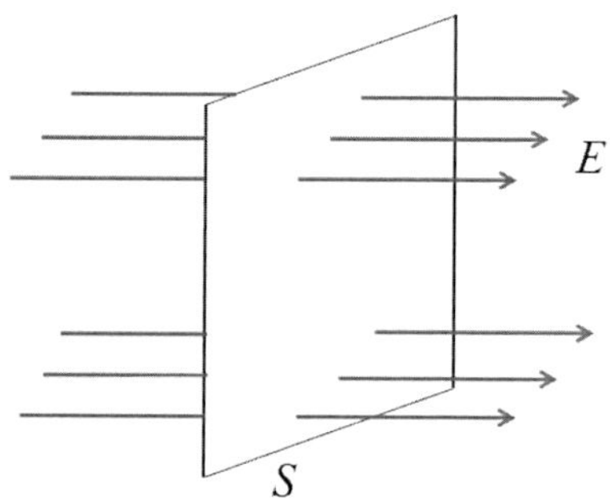

그림 8.10 전기선속

그러나 그림 8.11과 같이 단면이 전기장과 수직이 아닌 θ의 각도를 이루는 경우를 생각해 보자. 전기장이 균일하고 평행하므로 전기력선은 균일한 평행선으로 되어 있다. 따라서 단면이 전기장과 기울어져 있다면 비록 그 면적이 S'보다 크다 할지라도 그것을 통과하는 전기선속은 수직일 때와 같아야 할 것이다. 따라서 단면을 통과하는 전기력선은 다음과 같이 정의하는 것이 보다 일반적이다.

$$\phi_E = ES = E(S')\cos\theta \tag{8.7}$$

위의 식으로부터 단면이 전기장과 수직($\theta = 0^\circ$)이면 단면을 지나는 전기선속은 최대가 된다. 그러나 단면이 전기장과 평행($\theta = 90^\circ$)이라면 전기선속은 최소(0)가 됨을 알 수 있다.

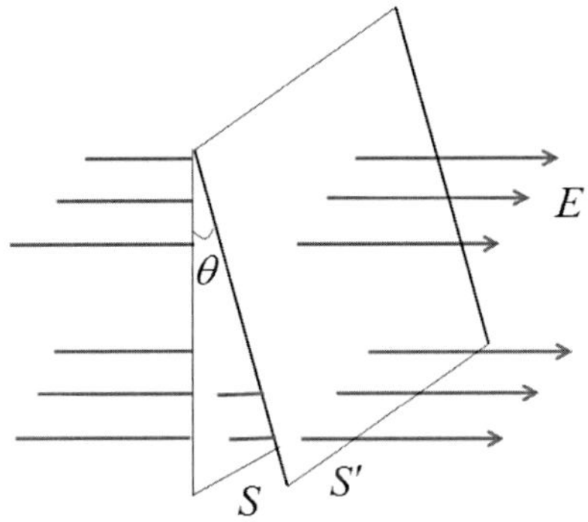

그림 8.11 단면이 전기장과 수직이 아닌 경우

한편, 균일하지 않은 전기력선이 곡면을 통과하는 경우에는 곡면을 무한히 작은 구간으로 분할하고 평면으로 간주한다. 따라서 그 곳을 지나는 전기장도 균일하다고 생각할 수 있다. 그러므로 곡면을 통과하는 전기선속은 다음과 같이 각각의 전기선속의 합으로 나타낼 수 있다.

$$\phi_E = \sum E \cdot dA \tag{8.8}$$

8.5.2 가우스 법칙

가우스 법칙은 쿨롱의 법칙을 일반화한 것으로서 전하와 이로부터 만들어지는 전기장과의 관계를 나타낸 법칙이다. 즉, 전기장을 둘러 싼 폐곡면을 통과하는 전기선속 ϕ_E는 폐곡면으로 둘러싸인 전하량 Q에 비례한다는 것이다. 가우스 법칙을 적분 형태로 표현하면 다음과 같다.

$$\phi_E = \oint_A E \cdot dA = \frac{Q}{\epsilon_0} \tag{8.9}$$

여기서 E은 전기장, dA는 폐곡면의 미소 면적, Q는 폐곡면 내의 전하량, ϵ_0은 진공의 유전율을 나타낸다.

가우스 법칙은 폐곡면의 형태에 관계없이 항상 성립한다. 그러나 가우스 법칙을 이용하려면 먼저 전기선속을 구해야 하므로 실제로는 전하 분포가 대칭성을 지니고 있을 때로 제한된다. 많은 문제들은 대칭성을 이용하여 전기장 또는 전하가 도체에서 어떻게 분포하는지를 간단히 계산할 수 있다.

가우스 법칙을 이용하여 점전하가 만드는 전기장을 구해 보자. 그림 8.12는 점전하 q가 반지름 r인 가상의 구의 중심에 놓여 있을 때 만드는 전기장을 보인 것이다. 여기서 반지름 r인 구를 폐곡면으로 설정하였으며, 이는 가우스면이라고도 한다.

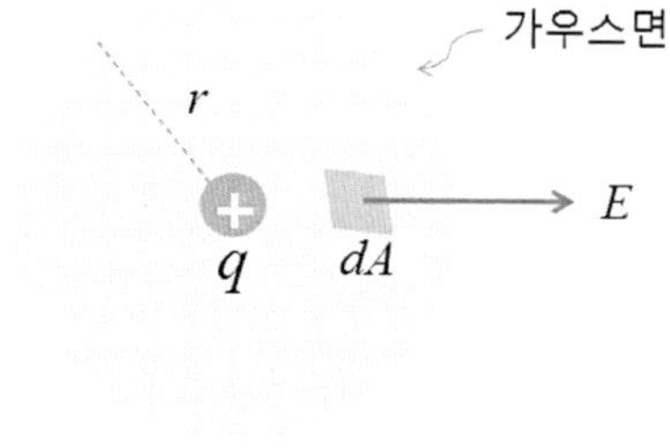

그림 8.12 점전하가 만드는 전기장

만일 전기장이 구의 중심에 놓인 점전하에 의해서만 만들어진다면 폐곡면에서 전기장의 세기는 모두 같다. 또한, 구 표면에서 전기장의 방향은 구 표면 어느 위치에서나 모두 표면에 수직이다. 이는 점전하의 대칭성 때문이다.

따라서 이 경우 중심의 점전하 q가 구 표면에 만드는 전기장의 세기를 구하기 위해 다음과 같이 가우스 법칙을 적용할 수 있다.

$$\phi_E = \oint E \cdot dA = E \cdot 4\pi r^2 = \frac{q}{\epsilon_0} \tag{8.10}$$

위 식을 정리하면 전기장 E는 다음과 같다.

$$E = \frac{q}{4\pi\epsilon_0 r^2} = k\frac{q}{r^2} \tag{8.11}$$

여기서 $k = \dfrac{1}{4\pi\epsilon_0}$ 이다.

식 (8.11)에서 주목할 점은 쿨롱의 법칙과 결과가 동일하다는 점이다. 따라서 가우스 법칙이 쿨롱의 법칙과 같은 법칙이라 할 수 있다.

연습문제

1. 질량이 1.67×10^{-27}kg이고 전하량이 1.6×10^{-19}C인 두 양성자가 3.8×10^{-10}m 떨어져 있다. 두 전하에 작용하는 전기력은 얼마인가?

2. 아래의 그림과 같이 전하가 분포되어 있을 때 전하 c에 작용하는 전기력과 전기장을 구하라.

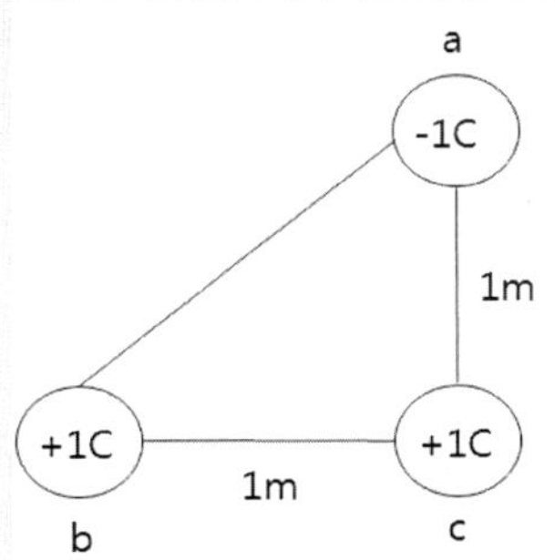

3. 균일한 전기장이 위쪽 방향을 향하고 3N/C의 크기를 가진다. 이 전기장에 놓인 −5C의 전하에 작용하는 힘의 크기와 방향을 구하라.

4. 점전하 $q_1 = 26\mu C$ 과 $q_2 = -47\mu C$ 사이에 5.7N의 전기력이 작용할 때 두 점 사이의 거리는 얼마인가?

5. 한 변이 0.1m인 정사각형 평면이 25N/C의 균일한 전기장에 놓여 있다. 평면과 수직인 방향이 전기장의 방향과 30°를 이루고 있을 때 평면을 통한 전기선속은 얼마인가?

6. 전기장의 세기가 7V/m로 균일한 전기장이 있다. 이 전기장 내에 질량 1kg, 전하 +5C인 대전체를 놓을 때 다음의 물음에 답하라.

(a) 대전체의 가속도의 크기는 얼마인가? 단 중력은 무시한다.

(b) 대전체를 전기장에 거슬러 2m 이동시키면 전위는 얼마나 변하겠는가?

7. 어느 공간상의 한 점에 -3×10^{-11}C의 전하를 놓았을 때 오른쪽으로 1.0×10^{-7}N의 힘을 받았다. 이 점에서의 전기장의 세기와 방향을 구하라.

제 9 장
축전기

9.1 축전기란 무엇인가?

9.1.1 축전기의 원리

축전기란 말 그대로 전기 에너지를 모으는 전기 부품을 말한다. 축전기는 컴퓨터 자판기나 사진기 플래시 등 우리 주변의 거의 모든 전기 회로에서 사용되고 있다. 일반적으로 가장 많이 사용되는 축전기는 그림 9.1과 같이 평행판 축전기이다. 실제로 전자 부품으로 많이 사용되는 축전기는 평행판 축전기 사이에 얇은 기름종이를 넣어 말아 놓은 것이다.

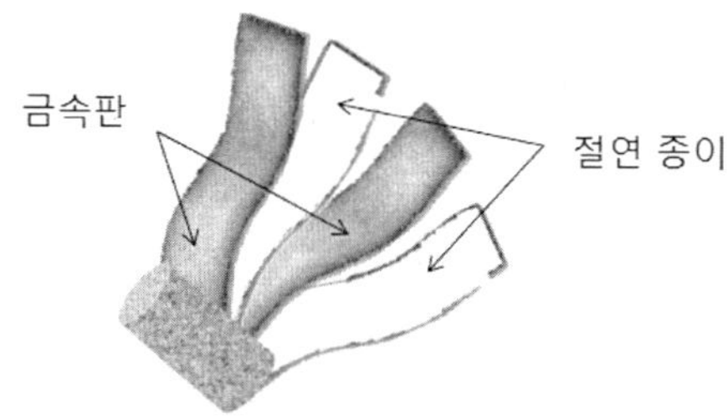

그림 9.1 평행판 축전기

그렇다면 축전기는 어떻게 전기 에너지를 모으게 되는 걸까? 그림 9.2와 같이 축전기에 전원을 연결해 보자.

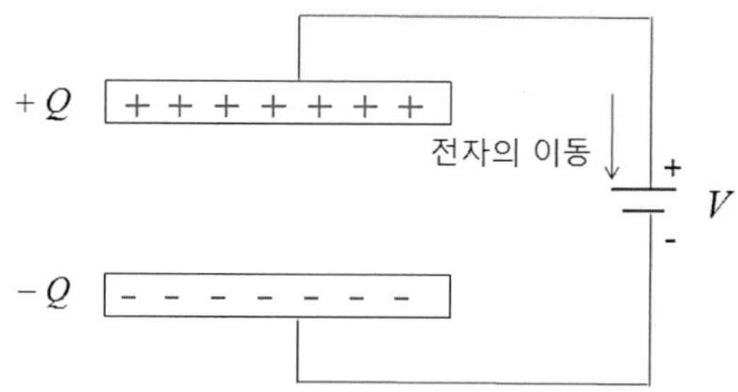

그림 9.2 축전기의 원리

그러면 전원의 (+)극은 연결된 위쪽 도체판으로부터 전자를 끌어들이고 (-)극을 통해 반대편 도체판으로 이동시킨다. 전하의 이동은 두 도체판 사이의 전위차가 전원의 전위차, 즉 전원 전압과 같을 때까지 계속된다. 이와 같이 한쪽 도체판은 전자를 잃어 양(+)으로, 다른 한쪽은 전자를 얻어 음(-)으로 대전된다.

이때 두 도체판의 거리가 더 가까울수록 전하 간의 끌어당기는 힘이 커져서 각 도체판 내의 전하 간 반발력은 줄게 된다. 이로써 축전기는 더 많은 전하를 각 도체판에 대전시킬 수 있다.

충전이 끝난 축전기는 일회용 배터리가 된다. 즉, 전기가 필요할 때 축전기에 도선을 연결하면 전기를 꺼내 쓸 수 있다. 예를 들면, 도선으로 축전기와 꼬마전구를 연결하면 음(-)으로 대전된 도체판 내의 전자는 위쪽 도체판으로 이동하면서 전구에 불을 켜는 일을 하게 된다.

9.1.2 전기 용량

일정한 용기에 물을 부을 때 물의 양이 증가할수록 수위는 증가한다. 이와 비슷한 원리로 평행판 축전기의 도체판 사이의 거리 d를 일정하게 한 후 전하를 충전시킬 경우 충전된 전하량 Q에 비례하여 도체판 사이의 전압도 커지게 된다. 즉, 다음의 관계가 성립한다.

$$Q = CV \tag{9.1}$$

여기서 C는 축전기에 저장된 전하량 Q과 축전기에 인가된 전압 V와의 비로 정의되며, 전기 용량의 SI 단위는 F(패럿)이다.

전기 용량은 축전기의 형태와 도체판 사이의 절연 물질에 따라 달라지며, 얼마나 많은 전하를 저장할 수 있느냐의 한계를 나타낸다.

앞서 설명한 바와 같이 평행판 축전기는 두 도체판 사이의 거리 d가 작을수록, 그리고 도체판의 면적 A가 클수록 도체판 내의 전하간 척력이 작아져 더 많은 전하를 저장할 수 있다. 이를 수식으로 정리하면 전기 용량은 다음과 같이 정의될 수 있다.

$$C = \epsilon_0 \frac{A}{d} \tag{9.2}$$

여기서 ϵ_0은 공기 중에서의 유전율을 의미하며, 8.85×10^{-12}F/m이다.

대부분의 축전기는 그림 9.3과 같이 평행판 축전기의 두 도체판 사이에 유전 상수 κ인 유전체(절연체)를 끼우는데 이렇게 하면 진공이나 공기를 넣은 경우보다 큰 전기 용량을 가질 수 있다.

$$C = \frac{\kappa\epsilon_0 A}{d} = \epsilon\frac{A}{d} \tag{9.3}$$

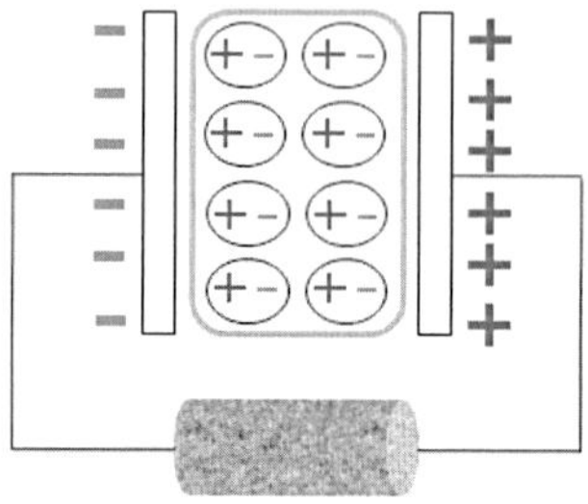

그림 9.3 유전체로 채워진 평행판 축전기

이는 평행판 축전기 사이에 유전체를 넣으면 양(+)으로 대전된 도체판은 음(−) 전하를 끌어당기고 음으로 대전된 도체판으로 양(+) 전하를 밀어낸다. 이로부터 양(+) 전하와 음(−) 전하 간의 간격이 가까워지는 효과가 나타난다. 따라서 양(+) 전하와 음(−) 전하 간에 서로 끌어당기는 힘이 세어져 결국 전기용량이 커지게 되는 것이다.

표 9.1은 대표적인 유전체의 유전 상수와 유전 강도를 나타낸 것이다. 유전 강도란 유전체가 견딜 수 있는 최대의 전기장이다.

물질	유전 상수(K)	유전 강도(kV/mm)
진공	1.0	∞
공기	1.00059	3
베이크라이트	4.9	24
파이렉스 유리	5.6	14
운모	5.4	10~100
네오프렌	6.9	12
종이	3.7	16
양초	2.1~2.5	10
유리	5~10	13
폴리스틸렌	2.55	24
물(20°C)	80	

표 9.1 여러 물질들의 유전 상수와 유전 강도

예제 9.1 가로 3cm, 세로 4cm인 두 개의 평행판 축전기가 2mm 간격만큼 떨어져 있다. 이 축전기를 60V 전지에 연결할 때 평행판에 충전된 전하량을 구하라. 단, 두 극판 사이에 있는 물질의 유전율은 $\epsilon_0 = 8.85 \times 10^{-12} F/m$이다.

풀이 $Q = CV = \left(\epsilon_0 \dfrac{A}{d}\right) V$로부터 도체판의 면적 $A = (3 \times 10^{-2}) \cdot (4 \times 10^{-2}) = 12 \times 10^{-4} \mathrm{m}^2$, 도체판의 간격 $d = 2 \times 10^{-3} \mathrm{m}$, 전압 $V = 60\mathrm{V}$이므로 이를 대입하면 $Q = 3.19 \times 10^{-10} \mathrm{C}$이 된다. ■

9.1.3. 축전기 에너지

축전기에 저장된 에너지는 축전기를 충전시키기 위해 한 일과 같다. 이 에너지는 두 도체판 사이에 전기장의 형태로 저장된다.

대전되지 않은 축전기에서 한 도체판에서 다른 도체판으로 전하 q를 옮긴다고 가정하자. 이때 도체판 사이의 전압은 $V = \dfrac{q}{C}$이므로 dq의 전하를 더 옮기기 위해 필요한 일은 다음과 같다.

$$dW = Vdq = \frac{q}{C} dq \tag{9.4}$$

따라서 q를 0에서 Q까지 이동시키는데 한 일의 양은 식 (9.4)을 정적분한 것과 같다.

$$W = \int dW = \int_0^Q \frac{q}{C} dq = \frac{Q^2}{2C} \tag{9.5}$$

이 일은 축전기에 전기 에너지 형태로 저장된다.

식 (9.5)에 식 (9.1)을 대입하면 축전기에 저장되는 에너지의 또 다른 표현식을 얻을 수 있다.

$$W = \frac{(CV)^2}{2C} = \frac{CV^2}{2} \tag{9.6}$$

$$W = \frac{Q^2}{2\left(\frac{Q}{V}\right)} = \frac{QV}{2} \tag{9.7}$$

예제 9.2 0.010μF의 축전기가 5V로 대전되어 있다.

(a) 축전기에 저장된 전하량은 얼마인가?

(b) 축전기에 저장된 에너지는 얼마인가?

풀이 (a) 축전기에 저장된 전하는 $Q = CV = (0.01 \times 10^{-6}) \cdot (5) = 0.05\mu C$이다.

그리고 (b) 축전기에 저장된 에너지는

$$W = \frac{1}{2}CV^2 = \frac{1}{2}(0.01 \times 10^{-6})(5)^2 = 1.25 \times 10^{-7} J$$

이 된다. ■

9.2 축전기의 연결

여러 개의 축전기가 직병렬 연결된 경우 하나의 등가 축전기로 대체할 수 있다. 이를 통해 복잡한 회로를 단순화할 수 있다.

9.3.1 직렬 연결

그림 9.4와 같이 전기용량이 각각 C_1, C_2 그리고 C_3인 세 개의 축전기가 직렬 연결되어 있다고 가정하자.

직렬 연결된 축전기에 전지를 연결하면 축전기 3의 아래 도체판에는 음(−) 전하가 생성된다. 이 음전하는 축전기 3의 위쪽 도체판의 음(−) 전하를 밀어내고, 밀려난 음전하는 축전기 2의 아래 도체판으로 이동하여 다시금 축전기 2의 위쪽 도체판의 음전하를 밀어낸다. 결국 축전기 3의 아래 도체판의 전하는 축전기 1의 위쪽 도체판에서 전지로 전하를 이동시키며, 축전기 1의 위 극판은 양(+) 전하를 갖게 된다.

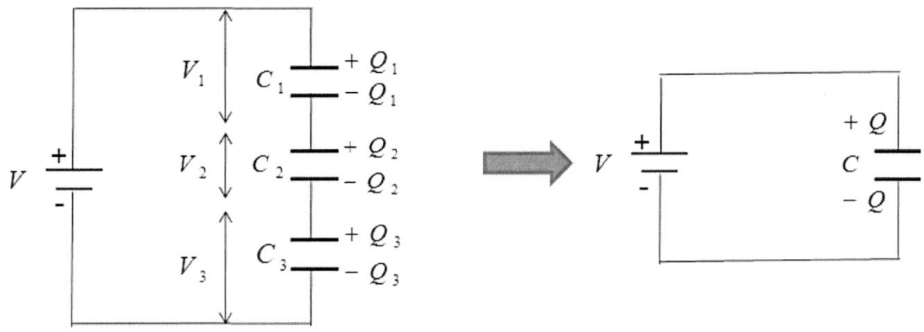

그림 9.4 축전기의 직렬 연결

따라서 각 축전기에 모인 전하량은 모두 같다.

$$Q = Q_1 = Q_2 = Q_3 \tag{9.8}$$

또한, 각 축전기의 전위차는 $Q = CV$와 식 (9.8)로부터

$$V_1 = \frac{Q_1}{C_1} = \frac{Q}{C_1},\ V_2 = \frac{Q_2}{C_2} = \frac{Q}{C_2},\ V_3 = \frac{Q_3}{C_3} = \frac{Q}{C_3} \tag{9.9}$$

가 된다.

직렬 연결에서 각 축전기에 걸린 전압의 합은 전지의 전압과 같다.

$$V = V_1 + V_2 + V_3 \tag{9.10}$$

따라서 식 (9.10)에 식 (9.9)을 적용하면 축전기에 걸리는 전체 전압은 다음과 같다.

$$V = \frac{Q}{C_1} + \frac{Q}{C_2} + \frac{Q}{C_3} = \left(\frac{1}{C_1} + \frac{1}{C_2} + \frac{1}{C_3}\right)Q \tag{9.11}$$

따라서 축전기가 직렬 연결되었을 때 전체 전기용량은

$$\frac{1}{C} = \frac{1}{C_1} + \frac{1}{C_2} + \frac{1}{C_3} \tag{9.12}$$

가 된다.

예제 9.3 3μF의 축전기가 6μF의 축전기가 직렬 연결되어 있다. 12V의 전지가 공급될 때 각 축전기에 대전되는 전하량과 전압을 구하라.

풀이 두 축전기가 직렬 연결되어 있으므로 전체 전기용량은

$$\frac{1}{C}=\frac{1}{C_1}+\frac{1}{C_2}=\frac{1}{2\mu}$$

이다. 즉, $C=2\mu$F 이 된다. 따라서 직렬 연결된 축전기의 총 전하량은

$$Q=CV=(2\mu\text{F})(12\,V)=24\mu\text{C}$$

이다. 이것은 각 축전기에 대전되는 전하량과 같다. 따라서 3μF 의 축전기와 6μF의 축전기에 대전되는 전하량은 24μC 이다. 또한, 각 축전기의 전압은

$$V_1=\frac{Q}{C_1}=\frac{24\mu\text{C}}{3\mu\text{F}}=8\,V,\ \ V_2=\frac{Q}{C_2}=\frac{24\mu C}{6\mu F}=4\,V$$

이다.

이 두 전압의 합은 예상했던 대로 전지 전압 12V와 같음을 알 수 있다.

■

9.3.2 병렬 연결

이제 그림 9.5와 같이 전기용량이 각각 C_1, C_2 그리고 C_3인 세 개의 축전기를 병렬 연결해보자. 병렬 연결시 각 축전기들은 전지 전압과 동일한 전압을 가진다.

$$V=V_1=V_2=V_3 \tag{9.13}$$

따라서 $Q=CV$와 식 (9.13)로부터 각 축전기의 전하량은 다음과 같다.

$$Q_1=C_1V_1=C_1V,\ Q_2=C_2V_2=C_2V,\ Q_3=C_3V_3=C_3V \tag{9.14}$$

또한, 각 축전기에 저장되는 전하량의 합은 총전하량이 된다.

$$Q=Q_1+Q_2+Q_3 \tag{9.15}$$

따라서 식 (9.15)에 식 (9.14)를 대입하면 전체 전하량 Q는 다음과 같이 나타낼 수 있다.

$$Q = (C_1 + C_2 + C_3)V \tag{9.16}$$

따라서 축전기가 병렬 연결되었을 때 전체 전기용량은

$$C = C_1 + C_2 + C_3 \tag{9.17}$$

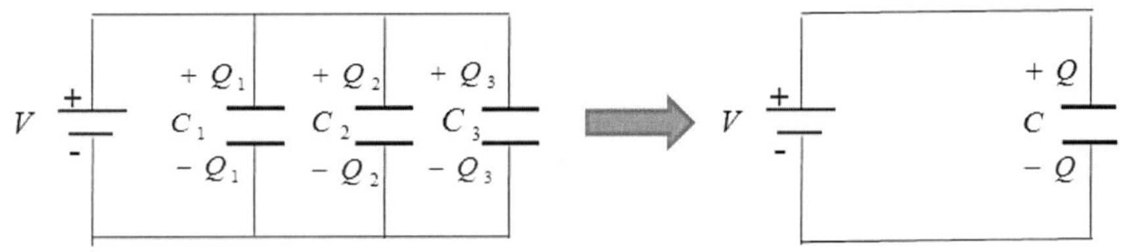

그림 9.5 축전기의 병렬 연결

예제 9.4 3μF의 축전기가 63μF의 축전기가 병렬 연결되어 있다. 12V의 전지가 공급될 때 전체 전기 용량은 얼마인가? 또한, 각 축전기에 대전되는 전하량과 전압을 구하라.

풀이 두 축전기가 병렬 연결되어 있으므로 합성 전기용량은 $C = C_1 + C_2 = 9\mu$F이다. 또한, 각 축전기에 걸리는 전압은 전지 전압과 동일하므로 $V = V_1 = V_2 = 12$V이다.

따라서 3μF의 축전기와 6μF의 축전기에 대전되는 전하량은

$$Q = C_1 V_1 = (3\mu\text{F})(12\text{V}) = 36\mu\text{C},\ Q_2 = C_2 V_2 = (6\mu\text{F})(12\text{V}) = 72\mu\text{C}$$

이 된다. ■

예제 9.5 그림과 같이 네 개의 축전기를 연결하였다.

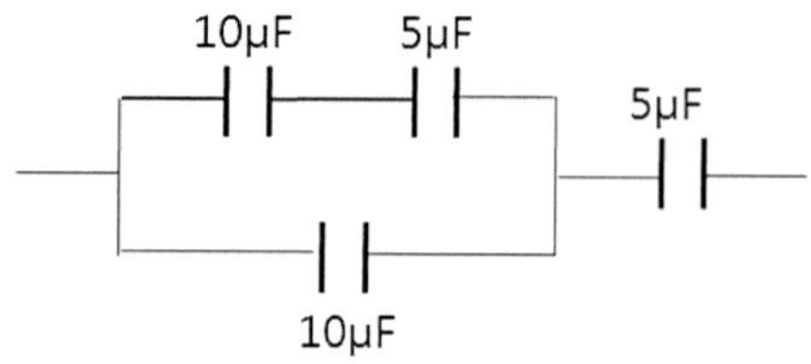

(a) 전체 전기 용량은 얼마인가?

(b) 양단에 15V의 전압을 인가했을 때 각 축전기의 전하량을 구하라.

풀이 (a) 먼저 직렬 연결된 10μF과 5μF의 합성 전기 용량 C_1을 구하면

$\frac{1}{C_1} = \frac{1}{10\mu\mathrm{F}} + \frac{1}{5\mu\mathrm{F}} = \frac{3}{10\mu\mathrm{F}}$ 이므로 $C_1 = 3.3\mu\mathrm{F}$ 이다.

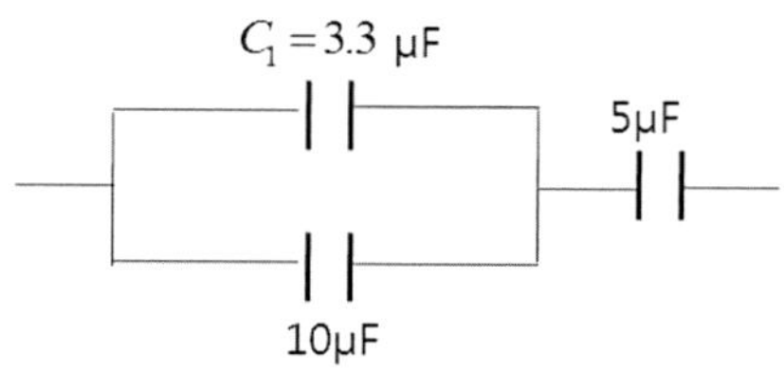

C_1은 다시 10μF과 병렬 연결되어 있으므로 합성 전기 용량 C_2은 다음과 같다.

$$C_2 = 10\mu\mathrm{F} + 3.3\mu\mathrm{F} = 13.3\mu\mathrm{F}$$

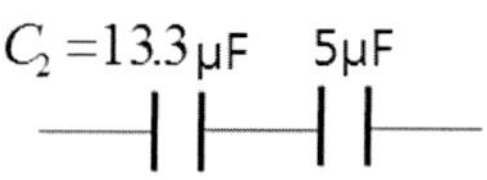

마지막으로 C_2는 510μF와 직렬 연결이므로 전체 전기 용량은 다음과 같다.

$$C = \frac{1}{13.3\mu\mathrm{F}} + \frac{1}{5\mu\mathrm{F}} = 3.63\mu\mathrm{F}$$

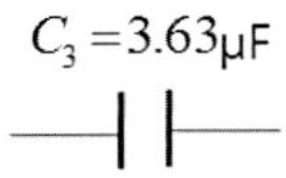

(b) 합성 전기 용량 $C_2 = 13.3\mu\mathrm{F}$과 $5\mu\mathrm{F}$은 직렬 연결되어 있으므로 각 축전기에 대전되는 전하량은 $Q = CV = (3.63\mu\mathrm{F})(15\mathrm{V}) = 54.45\mu\mathrm{C}$이다. 또한, 각 축전기의 전압은

$$V_1 = \frac{Q}{C_1} = \frac{54.45}{13.3} = 4.09\mathrm{V}, \quad V_2 = \frac{Q}{C_2} = \frac{54.45}{5} = 10.89\mathrm{V}$$

이다.

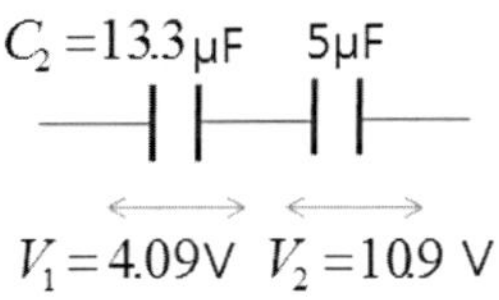

C_2는 C_1과 $10\mu\mathrm{F}$이 병렬 연결한 것이므로 각 축전기에 걸리는 전압은 모두 4.09V로 동일하다. 따라서 각 축전기에 대전되는 전하량 $Q_1 = C_1V_1 = 13.5\mu\mathrm{C}$, $Q_2 = C_2V_2 = 40.9\mu\mathrm{C}$이다.

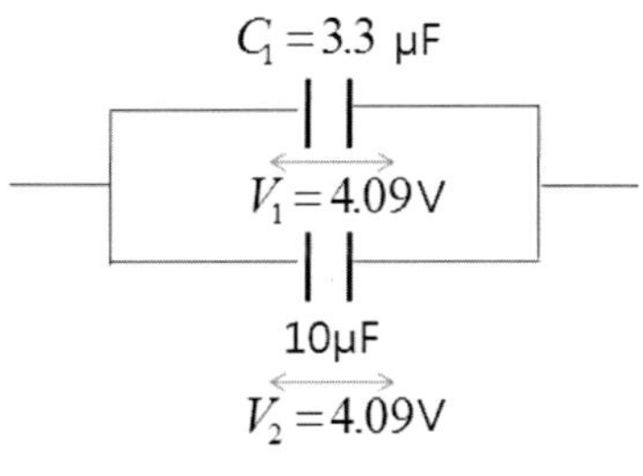

마지막으로 C_1은 $10\mu\mathrm{F}$과 $5\mu\mathrm{F}$의 직렬 연결이므로 각 축전기에 대전되는 전하량은 모두

$$Q_1 = Q_2 = CV = (3.3\mu\mathrm{F})(4.09\mathrm{V}) = 13.5\mu\mathrm{C}$$

이다.

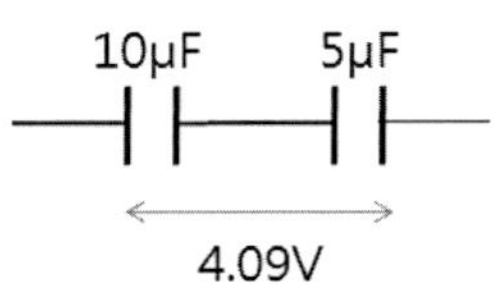

■

연습문제

1. 평행판 축전기에 50μC의 전하가 저장되어 있다. 두 도체판 사이의 전위차가 500V라면 전기 용량은 얼마인가?

2. 10μF와 20μF 축전기 두 개를 6V 전지에 병렬로 연결하였다.

   (a) 회로의 등가 전기용량은 얼마인가?

   (b) 각 축전기에 걸리는 전압은 얼마인가?

   (c) 각 축전기에 대전된 전하량을 구하라.

3. 12V 전지 양단에 15μF의 축전기와 25μF 축전기가 병렬로 연결되어 있다.

   (a) 각 축전기 양단의 전위차는 얼마인가?

   (b) 각 축전기에 대전되는 전하량은 얼마인가?

   (c) 각각에 저장되는 에너지는 얼마인가?

4. 그림과 같이 축전기가 직병렬 연결되었을 때 전체 전기용량이 12.4μF이 되었다. C의 크기는 얼마인가?

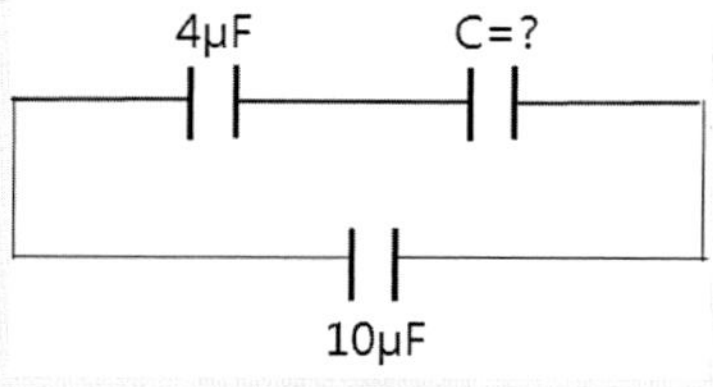

5. 전기용량이 50μF인 축전기의 두 판 사이에 운모판이 끼워져 있고 판 사이의 거리는 0.2mm이다. 판의 면적은 얼마인가?

6. 10μF의 축전기 네 개를 연결하여 2μF이 되게 하려면 어떻게 연결하여야 할까?

7. 평행판 축전기를 전지에 연결하여 전하량 Q로 충전한 후 전지를 제거하였다. 이후 유전상수가 κ인 유전체를 끼워 넣었을 때 이 유전체를 넣기 전과 후의 축전기에 저장된 에너지의 비를 구하고 비교하라.

제 10 장

전기회로

1. 전기의 기초(전류, 전압, 저항)
2. 키르히호프 법칙
3. 휘스톤 브리지
4. RC 회로

10.1 전기의 기초(전류, 전압, 저항)

10.1.1 전류

도선에 전압을 가하면 전기장이 발생하여 자유전자가 이동하게 되는데 이러한 자유전자의 시간적인 흐름을 전류라 한다. 자유전자는 전압을 인가하지 않더라도 다른 원자와 계속 충돌하면서 불규칙하게 운동한다. 그러나 자유전자의 평균적인 움직임은 거의 없다고 볼 수 있으므로 평균 전류는 0이다. 위의 설명으로부터 전류는 단위 시간당 단면을 통과하는 자유전자의 양으로 정의된다.

$$I = \frac{q}{t} \tag{10.1}$$

여기서 I는 전류, q는 전하, 그리고 t는 시간을 나타낸다. 전류의 SI 단위는 A(암페어)이다. 전류의 정의식으로부터 1A란 초당 1C의 전하가 이동하는 전류의 세기임을 알 수 있다.

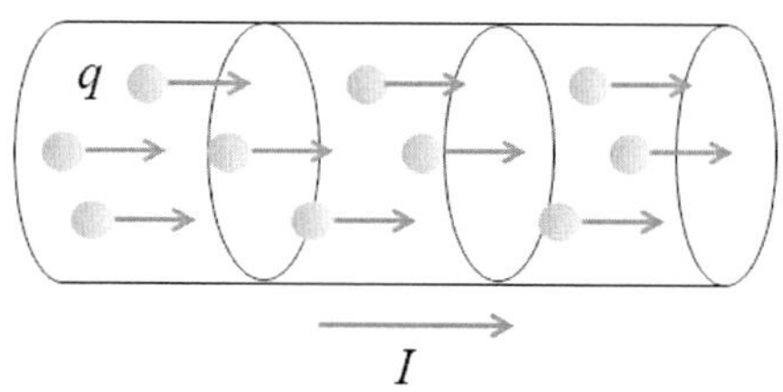

그림 10.1 도체 내의 자유 전자의 흐름

10.1.2 전압

전압은 전위차라고도 불리며, 도선에 전류를 흐르게 할 수 있는 전기적인 압력을 의미한다. 즉, 자유 전자를 움직이게 할 수 있는 힘이 바로 전압인 것이다. 우리가 양치를 할 때 치약이 나오게 하려면 치약에 압력을 가해야 한다. 이때 나오는 치약의 양이 전류라면 치약 튜브를 누르는 힘을 전압이라 볼 수 있다. 전압의 SI 단위는 V(볼트)이다.

10.1.3 저항

저항은 전류의 흐름을 방해하는 성분을 말한다. 앞서 설명한 바와 같이 도선에 흐르는 전류의 양은 전압에 따라 달라지기도 하지만 전하의 이동을 방해하는 도체의 전기 저항과도 관계가 있다.

부도체는 주어진 전압에 대해 작은 전류만 흐르므로 큰 저항을 가지는 반면 도체는 같은 전압에 대해 전류가 잘 흐르므로 저항이 작다.

따라서 이를 수식으로 표현하면 다음과 같고, 이를 옴의 법칙이라 한다.

$$V = IR \tag{10.2}$$

여기서 V는 전압, I는 전류, R은 저항을 나타내며, 저항의 SI 단위는 옴(Ω)이다. 옴의 법칙으로부터 도선의 전류는 인가한 전압에 비례하고 저항에 반비례함을 알 수 있다.

특정한 저항값을 갖도록 만들어진 전기 부품을 저항기라 하며, 이 저항기들은 수 옴에서 수백만 옴까지 넓은 범위의 저항값을 가진다.

10.1.4 비저항

도선의 저항은 인가된 전압에 따라 달라질 수도 있으나 도선을 만드는데 사용된 물질의 전도도와 도선의 굵기 및 길이에 따라서도 달라진다. 예를 들어, 똑같은 힘으로 누르더라도 치약이 들어있는 용기가 짧거나 치약이 나오는 입구가 넓으면 치약은 잘 나오게 된다. 반면, 용기가 가늘고 길며 입구가 좁으면 치약이 잘 나오지 않는 것과 같다. 이는 치약 용기의 상태에 따라 치약의 흐름을 방해하는 힘이 다르기 때문이다. 이와 같이 도선의 저항은 도선을 만드는데 사용된 물질의 전도도와 도선의 굵기 및 길이에 따라 달라진다. 즉, 굵은 도선은 가는 도선보다 저항이 작으며, 긴 도선은 짧은 도선보다 저항이 크다.

이상의 관찰 결과들을 종합하면 도선의 저항은 길이 L에 비례하고 단면적 A에 반비례함을 알 수 있다.

$$R = \rho \frac{L}{A} \tag{10.3}$$

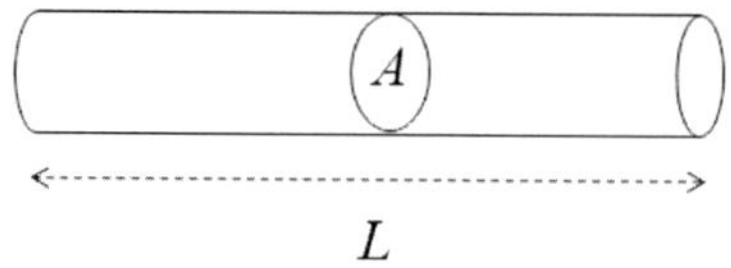

그림 10.2 도선의 저항은 길이 L에 비례하고 단면적 A에 비례한다.

이때 ρ는 전기적인 비저항을 뜻하며, 비저항의 SI 단위는 Ω·m이다. 비저항은 물질의 특성에 따라 달라지며, 주로 여러 가지 물질의 전류를 흘릴 수 있는 능력을 비교할 때 유용하다. 비저항이 높다는 것은 양질의 도체가 아님을 뜻한다.

표 10.1은 일부 금속들의 비저항을 나타낸 것이다. 대부분의 금속은 온도가 증가할 때 비저항도 증가한다.

물질	비저항(Ω·m)
금	2.24×10^{-8}
은	1.59×10^{-8}
구리	1.72×10^{-8}
알루미늄	2.65×10^{-8}
철	9.7×10^{-8}
백금	10.6×10^{-8}
탄소	1.5×10^{-5}
게르마늄	5×10^{-1}
실리콘	640
유리	$10^{10} \sim 10^{18}$
경질 고무	$10^{13} \sim 10^{16}$

표 10.1 비저항과 온도 계수

예제 10.1 길이가 0.5m이고 지름이 1.3mm인 철사의 비저항이 $9.7 \times 10^{-8}\ \Omega \cdot m$이다. 이 철사의 저항은 얼마인가 ?

풀이 철사의 단면적을 구하기 위해 반지름을 계산하면 $\frac{1.3}{2} = 6.5\,mm$이다. 따라서 식 (10.2)의 $R = \rho \frac{L}{A}$에 대입하면

$$R = (9.7\times10^{-8})\frac{0.5}{\pi(6.5\times10^{-3})^2} = 0.037\Omega$$

이다. ■

10.1.5 전력과 에너지

도체 양단에 전압 V가 걸리면 도선에는 전기장이 형성되어 전하가 이동한다. 이와 같이 움직이는 전하는 일을 한다. 예를 들어, 회로에 열을 발생시키거나 전동기를 회전시키는 등의 일을 한다. 이렇게 전류가 흐르면서 한 일, 즉 전기 에너지가 다른 에너지로 바뀌는 비율을 전력이라 한다.

만일 시간 Δt동안 도선의 단면을 통과하는 전하를 q라 하면 양단 전압이 V인 도선을 통과하는 동안 방출된 에너지의 양은 $\Delta W = \Delta q V$이며, 저항을 통과하면서 이만큼의 에너지를 충돌에 의해 잃게 된다. 따라서 전하가 도체 속에서 잃는 에너지는 저항에서 소모된 에너지와 같고 그 에너지의 손실률, 또는 전력은 다음과 같다.

$$P = \frac{\Delta W}{\Delta t} = \frac{\Delta q}{\Delta t} V = IV \tag{10.4}$$

식 (10.4)에 옴의 법칙을 이용하면 전력에 관한 여러 가지 표현식을 얻을 수 있다.

$$P = I^2 R = \frac{V^2}{R} \tag{10.5}$$

전력의 SI 단위는 w(와트)이다.

예제 10.2 전기다리미에 150V의 전압을 가했더니 5A의 전류가 흘렀다. 이 다리미의 전력은 얼마인가?

풀이 $P = VI = 150(5) = 750\,\mathrm{w}$ ■

10.2 키르히호프 법칙

키르히호프 법칙은 옴의 법칙과 함께 복잡한 전기 회로를 분석하는데 매우 유용하다. 이 법칙은 주로 임의의 복잡한 회로에 흐르는 전류를 구할 때 사용하며, 전류에 관한 제1법칙과 전압에 관한 제2법칙이 있다.

■ 제 1 법칙 : 전류 법칙

회로 내 어떤 분기점에서 흘러 들어가는 전류(+)와 나가는 전류(−)를 부호를 붙여 구별하면 들어오고 나가는 모든 전류의 대수적인 합은 0이다.

$$\sum_i I_i = 0 \tag{10.6}$$

그림 10.3에 제1법칙을 적용해 보면 다음과 같다.

$$\sum_i I_i = I_1 + I_2 + (-I_3) = 0 \text{ 또는 } I_1 + I_2 = I_3 \tag{10.7}$$

따라서 임의의 한 분기점에서 들어오는 모든 전류의 합은 흘러 나가는 모든 전류의 합과 같다. 이는 전하가 분기점에서 저절로 생기거나 없어지지 않는다는 전하량 보존 법칙에 근거를 둔 것이다.

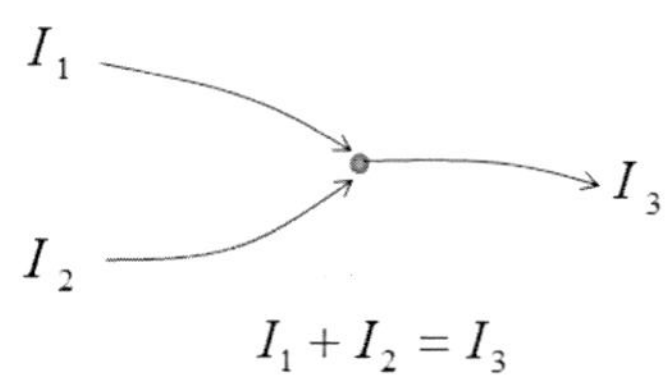

그림 10.3 키르히호프 법칙 : 제 1 법칙

■ 제 2 법칙 : 전압 법칙

임의의 폐회로에서 모든 전압의 대수적인 합은 0이다.

$$\sum_i V_i = 0$$

이는 에너지 보존 법칙에 근거한 것으로 임의의 한 점에서 출발하여 한 바퀴 움직인 후 처음 출발했던 점으로 되돌아올 때 이 전하에 행해진 알짜 일이 0이 되는 것을 의미한다.

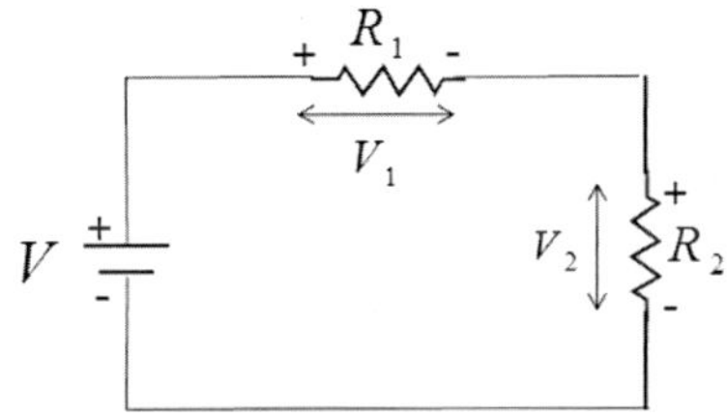

$$V - V_1 - V_2 = 0$$

그림 10.4 키르히호프 법칙 : 제 2 법칙

복잡한 회로에서 키르히호프 제 2법칙을 적용하려면 먼저 폐회로를 흐르는 임의의 전류에 대해 방향을 정하고, 이 전류의 방향으로 전원의 기전력과 소자의 전압 강하를 더해 나간다. 이때 기전력의 (−)극에서 (+)극으로 갈 때는 양(+)의 부호를, 회로 소자를 통과할 때는 전압 강하가 발생하므로 음(−)의 부호를 붙인다.

이제 옴의 법칙과 키르히호프 법칙을 이용하여 저항의 직병렬 회로에서 등가저항을 구해보자. 저항은 가정용 전열기, 헤어드라이어, 온풍기 등에서부터 각종 전자기기에 이르기까지 거의 모든 종류의 전자 회로에 들어 있다. 여기서 저항은 주로 전류나 전압을 제한하거나 분할하는 역할을 한다. 따라서 여러 개의 저항을 적절히 조합하여 연결시킴으로써 원하는 목적에 맞는 동작을 하는 전자회로를 구성할 수 있다.

10.2.1 직렬 연결

그림 10.5와 같이 두 개의 저항을 직렬 연결하였다고 가정하자.

이때 키르히호프의 제1법칙에 의하면 모든 분기점에서 들어오는 전류와 나가는 전류의 합은 0이므로 저항 R_1과 R_2에 흐르는 전류는 모두 같다.

$$I = I_1 = I_2 \tag{10.8}$$

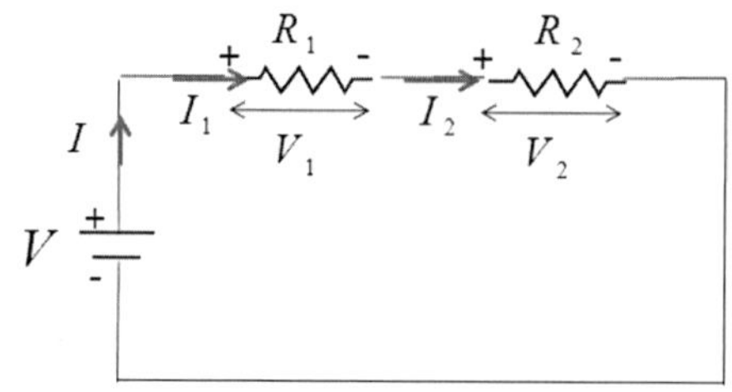

그림 10.5 직렬 연결

그리고 옴의 법칙에 의해 각 저항의 양단 전압을 구하면 다음과 같다.

$$V_1 = I_1R_1,\ \ V_2 = I_2R_2 \tag{10.9}$$

직렬 회로에서는 각 저항에 흐르는 전류가 모두 같으므로 식 (10.8)을 식 (10.9)에 적용하면 다음과 같이 쓸 수 있다.

$$V_1 = IR_1,\ \ V_2 = IR_2 \tag{10.10}$$

마지막으로 키르히호프의 제2법칙을 적용하면 시계 방향으로 움직인다면 전원을 통과할 때는 전압이 증가하고, 저항을 지날 때는 전압 강하(감소)가 발생한다.

그러므로

$$V - V_1 - V_2 = 0 \quad \text{또는} \quad V = V_1 + V_2 \tag{10.11}$$

이 된다. 이로부터 회로에 인가된 모든 전압의 합은 소자들의 전압 강하의 합과 같음을 알 수 있다.

이제 식 (10.8)에 식 (10.10)을 대입하면

$$V = V_1 + V_2 = IR_1 + IR_2 = I(R_1 + R_2) \tag{10.12}$$

이 식으로부터 두 저항을 하나로 대체할 수 있는 등가저항을 R이라 하면

$$R = R_1 + R_2 \tag{10.13}$$

이 된다.

이 식을 일반화하여 n개의 저항을 직렬로 연결하면 등가저항은 다음과 같다.

$$R_{eq} = R_1 + R_2 + R_3 + \cdots + R_n \tag{10.14}$$

여기서 직렬 연결된 저항들의 등가저항은 각각의 저항보다 크다는 것을 알 수 있다.

예제 10.3 10Ω의 저항과 5Ω, 그리고 15Ω의 저항이 10V의 전원에 직렬 연결되어 있다고 할 때, (a) 전체 등가저항과 전체 전류를 구하라. (b) 그리고 각 저항 양단에 걸리는 전압과 전류를 각각 구하라.

풀이 $R_1 = 10\Omega$, $R_2 = 5\Omega$, $R_3 = 15\Omega$이라 할 때 세 저항이 직렬 연결되어 있으므로

(a) 전체 등가저항 $R = 10 + 5 + 15 = 30\Omega$이다.

따라서 옴의 법칙에 의해 전체 전류 $I = \dfrac{V}{R} = \dfrac{10}{30} = 0.33\text{A}$가 된다.

(b) 직렬 연결에서 전체 전류는 각 저항에 흐르는 전류와 같으므로

$I_1 = I_2 = I_3 = 0.33\text{A}$가 되고 따라서 각 저항의 양단 전압은

$$V_1 = I_1 R_1 = (0.33) \cdot (10) = 3.3\text{V}$$

$$V_2 = I_2 R_2 = (0.33) \cdot (5) = 1.65\text{V}$$

$$V_3 = I_3 R_3 = (0.33) \cdot (15) = 4.95\text{V}$$

이다. ■

10.2.2 병렬 연결

그림 10.6과 같이 두 개의 저항을 병렬 연결하였다고 가정하자.

키르히호프의 제1법칙을 적용하면 회로의 a점으로 들어오는 전류 I는 각 저항이 연결된 도선으로 흘러 나가므로 다음과 같이 표현할 수 있다.

$$I = I_1 + I_2 \tag{10.15}$$

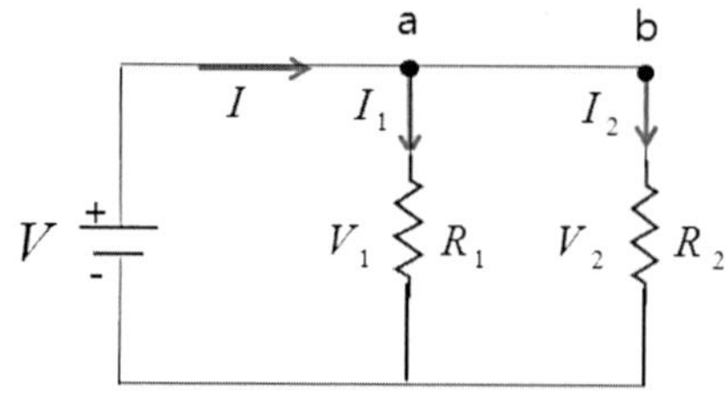

그림 10.6 병렬 연결

그리고 a, b점 사이에 걸린 전압은 모두 같기 때문에

$$V = V_1 = V_2 \tag{10.16}$$

가 되고, 옴의 법칙에 의해 각 저항에 흐르는 전류는 다음과 같다.

$$I_1 = \frac{V_1}{R_1}, \ I_2 = \frac{V_2}{R_2} \tag{10.17}$$

따라서 식 (10.15)에 식 (10.16)과 식 (10.17)을 대입하면

$$I = I_1 + I_2 = \left(\frac{1}{R_1} + \frac{1}{R_2}\right)V \tag{10.18}$$

이 식으로부터 두 저항을 하나로 대체할 수 있는 등가저항을 R이라 하면

$$\frac{1}{R} = \frac{1}{R_1} + \frac{1}{R_2} \tag{10.19}$$

이 된다.

이 식을 일반화하여 n개의 저항을 병렬로 연결하면 등가저항은 다음과 같다.

$$\frac{1}{R} = \frac{1}{R_1} + \frac{1}{R_2} + \frac{1}{R_3} + \cdots + \frac{1}{R_n} \tag{10.20}$$

여기서 병렬 연결된 저항들의 등가저항은 항상 그것들 중 가장 작은 저항값보다 더 작다.

예제 10.4 10Ω의 저항과 5Ω, 그리고 15Ω의 저항이 10V의 전원에 병렬 연결되어 있다고 할 때, (a) 전체 등가저항과 전체 전류를 구하라. (b) 그리고 각 저항 양단에 걸리는 전압과 전류를 각각 구하라.

풀이 $R_1 = 10\Omega$, $R_2 = 5\Omega$, $R_3 = 15\Omega$이라 할 때 세 저항이 병렬 연결되어 있으므로

(a) 전체 등가저항은 $\frac{1}{R} = \frac{1}{10} + \frac{1}{5} + \frac{1}{15} = \frac{11}{30}$로부터 $R = 2.73\Omega$이 된다.

따라서 옴의 법칙에 의해 전체 전류 $I = \frac{V}{R} = \frac{10}{2.73} = 3.66\,\text{A}$가 된다.

(b) 병렬 연결에서 전체 전압은 각 저항 양단 전압과 같으므로 $V_1 = V_2 = V_3 = 10\,V$가 되고 따라서 각 저항에 흐르는 전류는 옴의 법칙에 의해 다음과 같다.

$$I_1 = \frac{V_1}{R_1} = \frac{10}{10} = 1\,\text{A},\ I_2 = \frac{V_2}{R_2} = \frac{10}{5} = 2\,\text{A},\ I_3 = \frac{V_3}{R_3} = \frac{10}{15} = 0.67\,\text{A}$$

키르히호프 제1법칙에 의해 이 세 전류를 모두 합하면 전체 전류와 같아짐을 알 수 있다. ■

예제 10.5 그림과 같이 저항이 직병렬 연결되어 있을 때 점 a에서 c사이의 등가저항은 얼마인가?

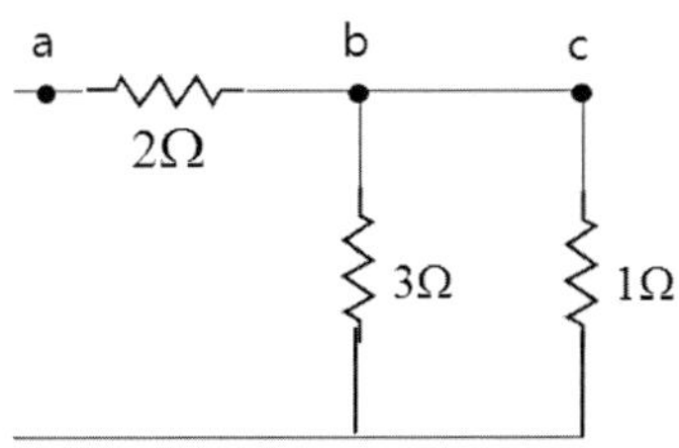

풀이 점 b와 c사이의 병렬 회로에서 등가저항은 $\frac{1}{R_{bc}} = \frac{1}{3} + \frac{1}{1} = \frac{4}{3}$에 의해 $R_{bc} = \frac{3}{4}\Omega$이 된다.

따라서 점 a와 c 사이의 전체 저항은 $R_{ac} = 2 + \frac{3}{4} = \frac{11}{4} = 2.75\Omega$이다. ■

예제 10.6 그림과 같이 전원 세 개와 저항 3개로 직병렬 연결된 회로가 있을 때 3Ω 에 흐르는 전류와 전압을 구하라.

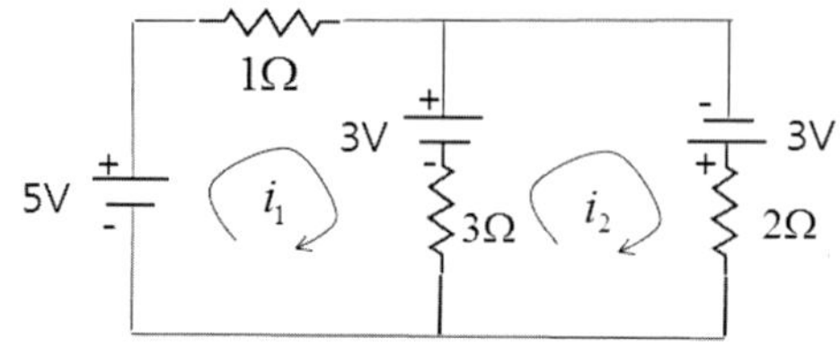

풀이 그림의 회로는 두 개의 폐회로로 구성되어 있다. 따라서 각 폐회로에 대해 키르히호프의 제2법칙을 이용하여 전압 방정식을 세운다. 이때 전류의 방향은 시계 방향이든 반시계 방향이든 무관하다. 여기서는 각 폐회로의 전류를 i_1, i_2라 가정하고, 시계 방향으로 흐른다고 가정한다.

$$\text{폐회로 1} : 5-3=4i_1-3i_2 \quad (1)$$

$$\text{폐회로 2} : 3+3=-3i_1+5i_2 \quad (2)$$

이 두 식을 연립하여 풀면 $i_2=2.73\text{A}$, $i_2=2.97\text{A}$이다. 그런데 3Ω의 저항에는 폐회로 전류 i_1과 i_2가 반대 방향으로 흐르므로 실제 3Ω에 흐르는 전류는 두 전류의 차와 같다. 따라서 2.97−2.73 = 0.24A가 된다.

여기서 주의할 점은 i_2가 i_1보다 크므로 3Ω에 흐르는 전류의 방향은 i_2의 방향과 마찬가지로 아래에서 위의 방향으로 흐른다. ■

10.3 휘스톤 브리지

휘스톤 브리지는 1843년 찰스 휘스톤에 의해 개발된 것으로서 잘 알려진 3개의 정밀 저항과 검류계를 이용하여 미지의 중저항을 측정할 수 있는 가장 널리 알려진 계기이다. 그림 9.7은 휘스톤 브리지의 구성을 보인 것이다.

여기서 R_1, R_2는 고정 저항, R_3는 가변 저항이며, R_x는 측정하고자 하는 미지 저항이다. G는 μA 수준의 전류를 측정할 수 있는 검류계이다. R_x를 C와 D 사이에 연결한 다음 가변 저항 R_3을 변화시키면서 검류계 G의 눈금이 0이 되도록 한다. 이때 B점과 D점의 전위가 같아지므로 $V_{AB}=V_{AD}$가 되고, $V_{BC}=V_{DC}$가 된다. 따라서 키르히호프 제2법칙을 적용하면 다음의 식이 얻어진다.

$$I_1R_1 = I_3R_3 \ , \quad I_2R_2 = I_xR_x \tag{10.21}$$

또한, B점과 D점을 분기점으로 가정했을 때 키르히호프 제1법칙을 각각 적용하면 다음의 식을 얻을 수 있다.

$$I_1 = I_G + I_2 \tag{10.22}$$

$$I_3 = I_G + I_x \tag{10.23}$$

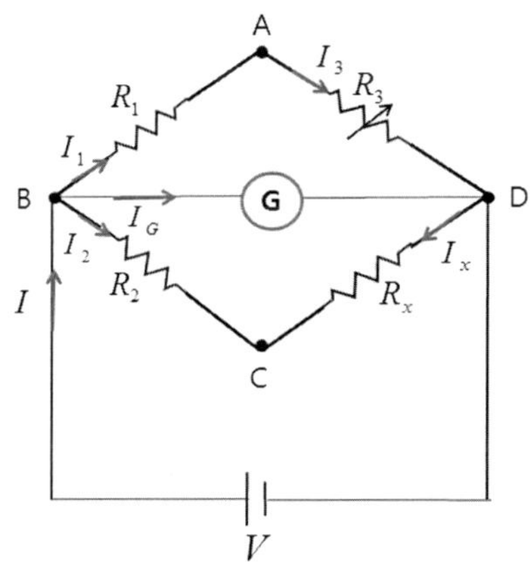

그림 10.7 휘스톤 브리지

그러나 여기서 가변저항을 조정하여 검류계의 전류 I_G를 0으로 만들었으므로 식 (10.22)과 (10.23)은 다음과 같이 간단히 쓸 수 있다.

$$I_1 = I_2, \ I_3 = I_x \tag{10.24}$$

따라서 식 (10.21)과 식 (10.24)를 결합하면 미지 저항을 다음과 같이 구할 수 있다.

$$R_x = R_3\frac{R_2}{R_1} \tag{10.25}$$

휘스톤 브리지는 상당히 높은 정밀도를 가지므로 백금 저항 온도계나 변형 게이지의 저항을 측정하는데 쓰이기도 한다.

10.4 RC 회로

지금까지는 옴의 법칙과 키르히호프 법칙을 통해 일정한 전류가 흐르는 직류 회로에 대해 살펴보았다. 이 절에서는 축전기와 저항이 직렬 연결된 직류 회로에서 시간에 따라 전류가 어떻게 변하는지에 대해 설명한다.

그림 10.8과 같은 RC 직렬 회로를 살펴보자. 이때 축전기에 충전된 전하량은 없다고 가정한다.

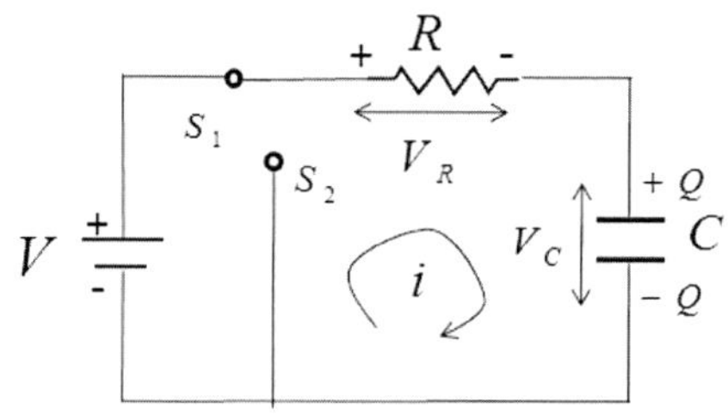

그림 10.8 RC 직렬 회로 : 충전 과정

스위치 S_1를 닫으면 전지 전압 V는 축전기를 충전하기 시작하고 전류는 저항을 통해 흐른다. 키르히호프의 제2법칙에 따라 회로에 흐르는 전류를 구해보자.

$$V = V_R + V_C = Ri(t) + \frac{Q(t)}{C} \tag{10.26}$$

여기서 전류 $i = \frac{dQ(t)}{dt}$이므로 이를 식 (10.26)에 대입하고 $Q(t)$에 관해 풀면 다음과 같다.

$$Q(t) = CV[1 - e^{-t/RC}] \tag{10.27}$$

따라서 식 (10.27)을 시간에 대해 적분하면 회로에 흐르는 전류를 구할 수 있다,

$$i(t) = \frac{dQ(t)}{dt} = \frac{V}{R}e^{-t/RC} \tag{10.28}$$

위의 식을 통해 축전기가 충전됨에 따라 회로에 흐르는 전류는 시간에 따라 지수적으로 감소함을 알 수 있다. 그림 10.9는 시간에 따른 회로 내 전류를 그래프로

나타낸 것이다.

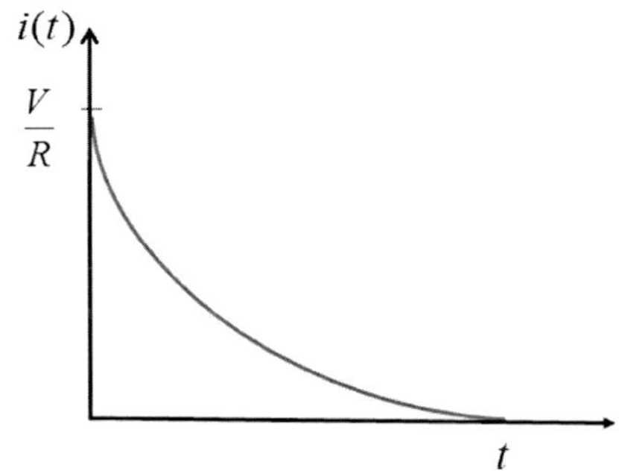

그림 10.9 충전시 시간에 따른 전류 변화

그래프로부터 축전기가 완전히 충전되고 나면 회로 내의 전류는 0이 됨을 알 수 있다. 그러나 축전기가 완전히 충전되려면 이론적으로 무한대의 시간이 필요하다. 그러나 실제로는 일정 시간이 지나면 축전기의 충전이 완료되며, 이때 RC는 축전기의 충전 속도를 결정한다.

$$\tau = RC \tag{10.29}$$

위의 식에서 τ를 시정수(time constance)라 하며, 전류가 처음 값의 $\frac{1}{e}(=0.368)$ 배로 감소하거나 처음 전하량의 0.632배로 증가하는데 걸리는 시간을 나타낸다. 따라서 시정수가 긴 회로의 경우는 매우 느리게 충전되는 반면, 시정수가 짧은 회로는 빨리 충전된다.

이제 그림 10.10과 같이 스위치 S_1을 S_2로 이동시키면 저항을 통해 축전기는 축적한 전하를 완전히 방전한다.

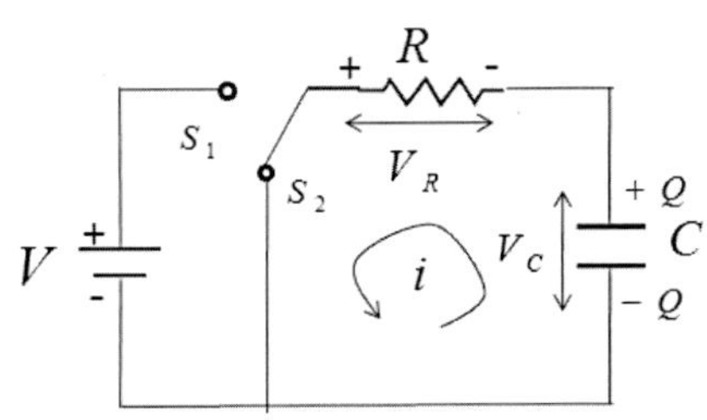

그림 10.10 RC 직렬 회로 : 방전 과정

이때 충전된 축전기의 양단 전압은 $V_c = \dfrac{Q}{C}$ 이므로 키르히호프 법칙으로부터 다음의 회로 방정식을 유도할 수 있다.

$$\frac{Q(t)}{C} + Ri(t) = 0 \tag{10.30}$$

여기에 $i = \dfrac{dQ(t)}{dt}$ 를 대입하고, $t = 0$ 에서 $q = Q$ 임을 이용하여 풀면 다음의 식을 얻을 수 있다.

$$q = Qe^{-t/RC} \tag{10.31}$$

또한, 이 식을 시간에 대해 미분하면 방전시 전류의 식을 얻을 수 있다.

$$i(t) = -\frac{Q}{RC}e^{-t/RC} \tag{10.32}$$

여기서 $\dfrac{Q}{RC}$ 는 초기 전류이며, 음(−)의 부호는 축전기를 방전할 때의 전류의 방향이 충전시의 전류 방향과 반대임을 의미한다. 이 식으로부터 축전기의 방전 전류 또한, 충전시와 마찬가지로 시정수 $\tau = RC$ 를 가지고 지수적으로 감소함을 알 수 있다.

예제 10.7 $R = 100k\Omega$, $C = 50\mu\text{F}$ 인 RC 직렬 회로에 10V의 전압이 인가되었다. 그림 10.8과 같이 스위치를 닫았을 때 이 회로의 시정수를 구하고, 축전기에 저장되는 최대 전하량 및 회로의 최대 전류를 구하라.

풀이 식 (10.29)로부터 시정수 $\tau = RC = 100k\Omega(50\mu\text{F}) = 5s$ 이며, 식 (10.27)로부터 축전기에 저장되는 최대 전하량은

$$Q = CV = (50\mu\text{F})(10\text{V}) = 500\mu\text{C}$$

이다. 또한, 회로의 최대 전류는 식 (8.28)에 의해

$$i = \frac{V}{R} = \frac{10}{100k\Omega} = 0.1\text{mA}$$

이다. ■

연습문제

1. 굵은 전선이 가는 전선보다 더 많은 전류를 흐르게 하는 이유는 무엇인가?

2. 전압과 저항을 두 배로 하면 전류는 어떻게 되는가? 둘 다 반으로 줄이면 전류는 어떻게 되는가?

3. 10C의 전하가 10초간 흐르면 전류는 얼마가 되겠는가?

4. 지름이 1mm, 길이가 2m인 도선의 저항이 50mΩ이다. 도선을 이루는 물질의 비저항은 얼마인가?

5. 500W의 전열기에 100V의 전원을 연결하였다. 이 전열기의 저항과 전열기에 흐르는 전류를 구하라.

6. 그림과 같은 회로에서 지로 전류 I_1, I_2, I_3을 구하라.

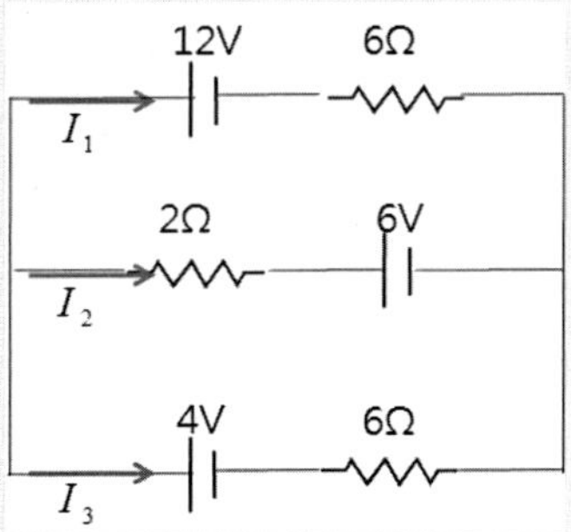

7. 휘스톤 브리지의 목적은 무엇인가? 만일 $R_1 = 630\Omega$, $R_2 = 972\Omega$, $R_3 = 42.6\Omega$ 일 때 미지 저항 R_x의 값은 얼마인가 ?

8. $R = 75k\Omega$, $C = 25\mu F$, $V = 10V$인 RC 직렬 회로에서 (a) 회로의 시정수를 구하라. (b) 스위치가 닫힌 후 한 시간의 시정수 시간 동안 축전기에 충전된 전하량을 구하라.

9. 어떤 RC 직렬 회로에서 시정수가 1.5s였다. 스위치가 닫힌 후 축전기에 충전된 전하량은 처음 값의 75%가 되었다. (a) 이 전하량에 도달할 때까지 걸리는 시간을 구하라. (b) 만일 $R = 300k\Omega$이라면 C의 값은 얼마인가?

제 11 장

자기와 전자유도

1. 자기의 성질
2. 전류의 자기 작용
3. 전류가 자기장에서 받는 힘
4. 전자기 유도
5. 앙페르 법칙과 솔레노이드의 자기장

11.1 자기의 성질

자석은 남쪽을 가리키는 S극과 북쪽을 가리키는 N극이 있다. 단순한 막대자석에서 이 두 극은 양쪽 끝부분에 위치하며 S극은 파란색, N극은 빨간색으로 표시되어 있다. 만일 두 개의 막대자석을 서로 가까이 가져가면 같은 극끼리는 밀어내고, 다른 극끼리는 끌어당긴다. 이와 같이 전하들 사이에는 전기력이 작용하는 것과 같이 자극들 간에는 자기력이 작용한다.

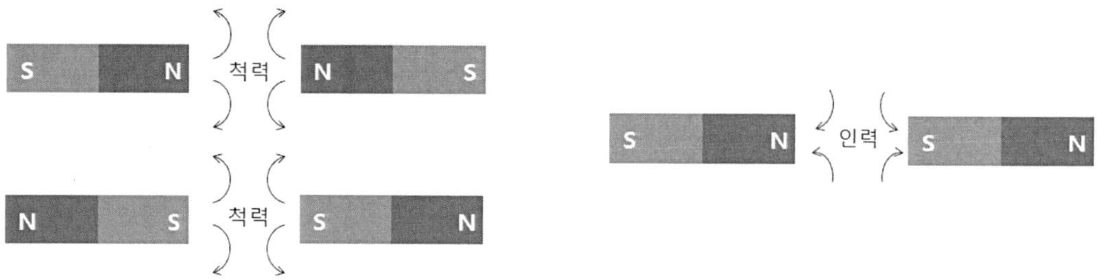

그림 11.1 자기력 : 같은 극끼리는 밀어내고, 다른 극끼리는 서로 끌어당긴다.

그러나 자극은 전하와는 달리 독립적으로 존재할 수 없다. 즉, N극은 S극 없이는 존재할 수 없는 것이다. 예를 들면, 자석을 잘게 쪼개면 자석의 기능을 잃는다고 생각할 수 있으나 전혀 그렇지 않다. 이때 쪼개진 조각들은 각각 완전한 자석이 되어 N극과 S극을 가지게 된다. 이와 같이 자석의 N극과 S극은 동전의 양면과도 같이 떼려야 뗄 수 없는 관계이다.

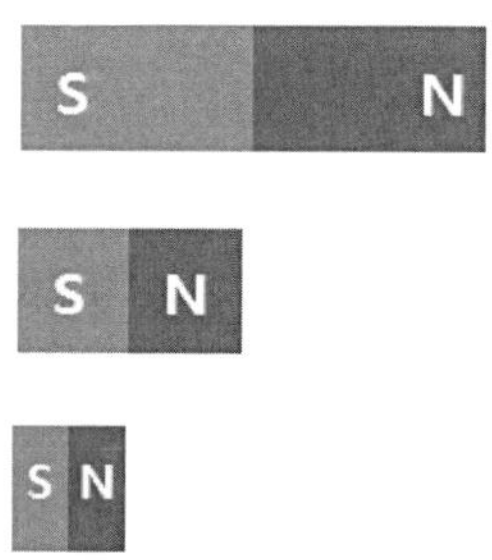

그림 11.2 자석은 아무리 잘게 쪼개어도 완전한 자석이 된다.

자석을 유리판 밑에 놓고 그 위에 철가루를 뿌려 놓으면 철가루는 마치 선으로 이어진 것처럼 줄지어 늘어서는데 이를 자기력선이라 한다. 이때 자석의 두 극에 철가루가 가장 빽빽하게 모이게 되며, 양 극에서 멀어질수록 약해진다. 이는 자석의 두 극에서 자기장의 세기가 가장 세다는 것을 의미한다.

■ **자기장이란 자석 주위에 자기력이 미치는 공간을 말하며, 자기력선은 자기장의 모양을 알기 쉽게 선으로 나타낸 것이다.**

그림 11.3에서 알 수 있듯이 자기력선은 자석의 N극에서 나와 S극으로 들어가며, 자기력선은 도중에 끊어지거나 교차하지 않는다.

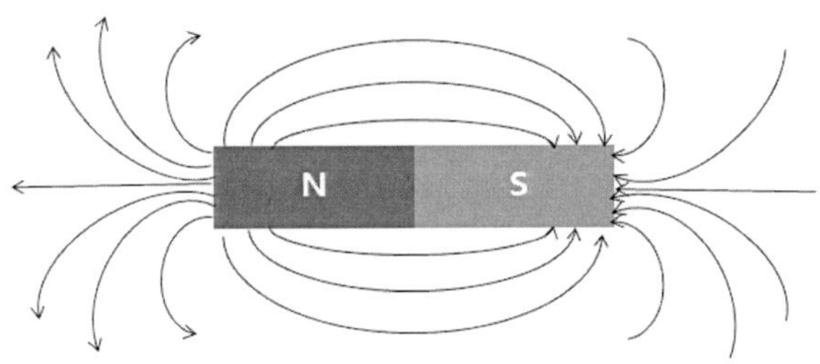

그림 11.3 자기력선의 방향

또한, 그림 11.4와 같이 자기장 안의 한 점에 나침반을 갖다 놓으면 나침반 바늘은 자기장을 따라 편향되는데, 자기력선 위의 어느 한 점에서 그은 접선의 방향이 그 곳에서의 자기장의 방향이 된다.

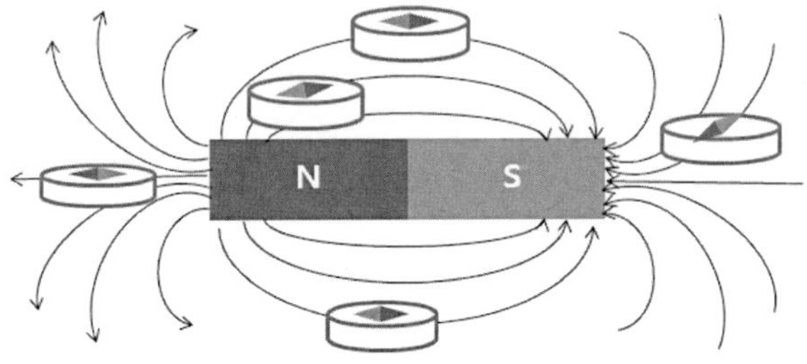

그림 11.4 자기장 내의 한 점에서 나침반의 N극은 자기장의 방향이다.

■ 지구는 커다란 자석이다

나침반이 항상 일정한 곳을 가리키는 것은 지구가 하나의 커다란 자석이기 때문이다. 지구에는 철로 된 물질이 많이 들어 있다. 지구의 중심은 매우 뜨거워서 철이 열을 받아 자석의 성질을 띠게 되었다고 한다. 지구 자석의 북쪽은 S극이고, 남쪽은 N극이다. 그래서 나침반의 N극은 항상 지구의 북쪽을 향하게 된다. 다른 극끼리 끌어당기는 힘이 있기 때문이다.

■ 자석의 이용 예

자기부상 열차는 같은 극끼리는 밀어내는 성질을 이용해서 만들어졌다. 자석이 붙어 있는 철로에 자석을 단 열차가 지나면 같은 극끼리는 밀어내는 성질 때문에 열차와 철로가 닿지 않고 공중에서 약간 뜬 상태로 움직이게 된다. 이렇게 움직이면 소리도 나지 않고 마찰도 줄일 수 있다.

11.2 전류의 자기 작용

움직이는 전하는 자기장을 만든다. 이는 외르스테드가 볼타 전지가 어떻게 전류를 만드는가에 대해 강연하던 도중 전류가 흐르는 도선 주위에 놓아진 나침반이 편향되는 것을 보고 발견한 사실이다. 이러한 현상은 전류가 흐르는 도선 주위에는 자기장이 형성되고, 이 자기장에 의해 주위에 놓여 있는 나침반의 바늘이 편향된 것이라 결론지을 수 있다.

전류가 흐르는 직선 도선에서 자기장은 동심원의 형태이며, 자기장의 세기는 도선에서 멀어질수록 약해진다. 즉, 거리에 반비례한다. 그림 9.3에서 설명한 바와 같이 자기장 안의 한 점에서 나침반의 N극은 자기장의 방향을 향하게 된다. 즉, 자기장의 방향은 오른손의 엄지손가락이 전류의 방향을 향하게 하고 나머지 네 손가락으로 도선을 감아쥘 때 네 손가락이 감아쥐는 방향과 같다. 이를 암페어의 오른손 법칙이라 한다.

만일 전류가 흐르는 도선이 원형(코일)이라면 오른손의 네 손가락을 전류의 방향에 일치하도록 잡았을 때 엄지손가락이 가리키는 방향이 자기장의 방향이 된다. 코일에 흐르는 전류가 클수록 감은 횟수가 많을수록 자기장의 세기는 커진다.

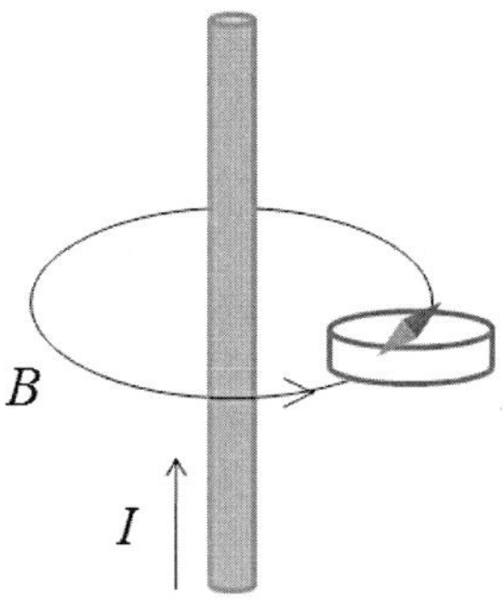

그림 11.5 외르스테드의 실험 : 전류가 흐르는 도선 주위에는 자기장이 발생하여 나침반 바늘이 편향된다.

11.3 전류가 자기장에서 받는 힘

전류가 흐르는 도선이 나침반의 바늘을 편향시킨 것과 같이 자기장은 전류가 흐르는 도선에 힘을 가하여 움직이게 할 수 있다. 이때 전류가 흐르는 도선이 자기장에서 받는 힘을 전자기력이라 한다.

전자기력은 항상 자기장에 수직이고 자기장 속에 있는 전류 방향에도 수직이다. 전자기력의 방향은 오른손을 펴서 네 손가락을 자기장의 방향으로 향하게 하고, 엄지손가락을 전류의 방향을 가리키게 할 때, 손바닥에서 수직으로 나오는 방향이 도선이 받는 힘의 방향이 된다. 따라서 도선 속의 전류 방향이 반대가 되면, 전자기력의 방향도 반대가 된다.

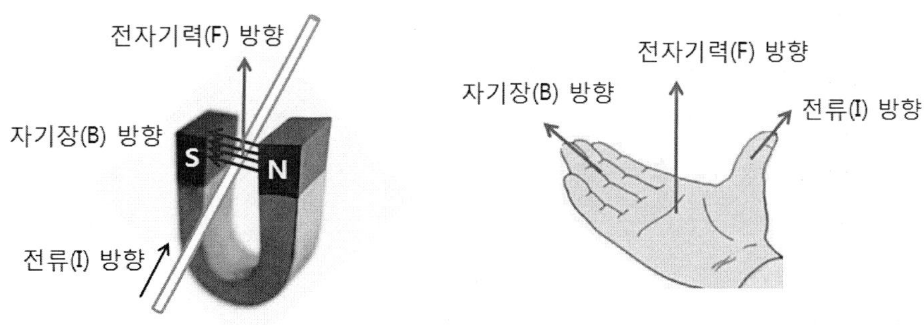

그림 11.6 전자기력의 방향

이때 자기장이 B인 공간에서 전류 I가 흐르는 길이 l의 도선에 작용하는 전자기력 F는 다음과 같이 주어진다.

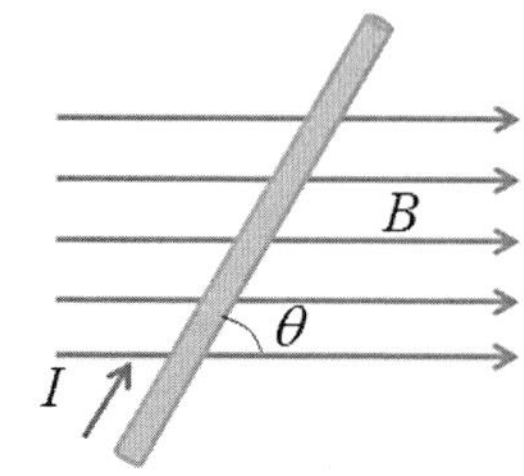

$$F = BIl\sin\theta \tag{11.1}$$

여기서 θ는 전류가 흐르는 방향과 자기장의 방향이 서로 이루는 각을 의미한다. 식 (11.1)로부터 전자기력은 전류의 크기 I와 자기장의 세기 B에 비례하며 자기장 속에 들어있는 도선의 길이 l에 비례함을 알 수 있다. 또한, 전류와 자기장의 방향이 수직일 때 전자기력은 최대가 됨을 알 수 있다.

이러한 전자기력을 이용한 예로는 전압계, 전류계, 스피커 그리고 전동기 등이 있다. 그 중 전동기는 자기장 속에서 전류가 받는 힘을 이용하여 전기 에너지를 역학적인 일로 바꾸는 장치이다. 전동기의 구조는 그림 11.7과 같이 영구자석의 두 극 사이에 코일이 회전하도록 되어 있다.

이때 영구 자석의 N극은 코일의 S극을, 영구 자석의 S극은 코일의 N극을 끌어당기는 힘이 작용하여 코일은 회전하기 시작한다. 반 바퀴 회전할 때마다 정류자에 의해 코일에 흐르는 전류의 방향을 바꾸어 주면 코일은 계속 같은 방향으로 회전하게 된다.

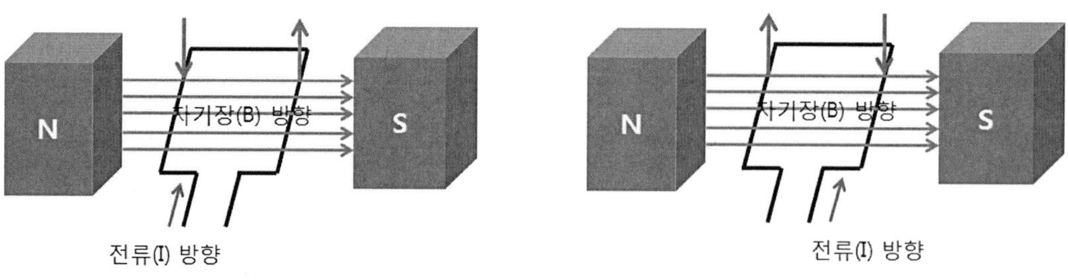

그림 11.7 전동기의 원리 : 전류 방향을 바꾸어 코일을 회전시킨다.

예제 11.1 길이가 0.25m인 직선 도선이 자석의 두 극 사이에 놓여 있다. 자석은 1T의 균일한 자기장을 생성한다. 자기장에 수직인 도선에 전원이 연결되어 전류가 흐르고 있다. 도선에 9.8N의 힘이 작용하기 위해 얼마의 전류를 흘려주어야 하는가?

풀이 $F = BIl\sin\theta$로부터 $I = \dfrac{F}{lB\sin\theta} = \dfrac{9.8}{0.25(1)\sin 90^\circ} = 39.2A$이다.

11.4 전자기 유도

앞 절에서 전동기는 자기장 내에서 코일에 전류를 흐르게 함으로써 전자기력에 의해 코일을 회전시켰다. 그렇다면 반대로 자기장 내에서 코일을 회전시켜 주면 코일에 전류가 흐를까? 이에 대한 해답을 얻기 위해 패러데이는 전원을 인가하지 않은 코일 주위에 자석을 움직였고 코일에 순간적으로 전류가 유도되는 것을 관찰하였다.

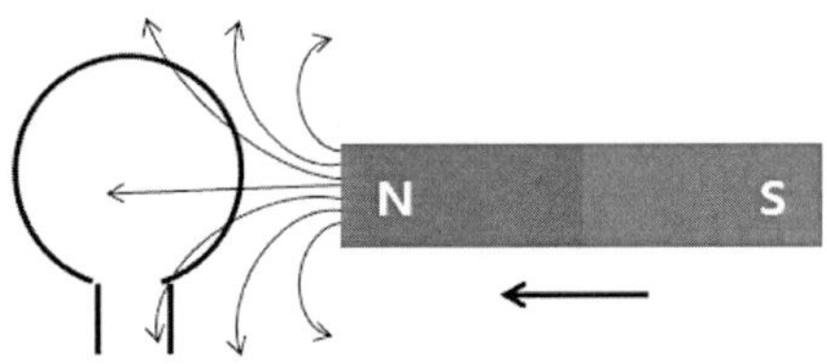

그림 11.8 전자기 유도

전류가 흐른다는 것은 도선 주변에 전기장이 만들어졌음을 나타낸다. 이는 곧 자기장을 만드는 자석이 움직이면 주위에 전기장이 만들어짐을 의미하며, 이를 전자기 유도라 한다. 이로 인해 전기 현상과 자기 현상은 서로 관련이 있음을 알 수 있다.

코일에 유도되는 전류는 자석을 얼마나 빨리 움직이느냐에 따라 달라진다. 아주 천천히 움직이면 전류는 거의 0이며, 빨리 움직이면 큰 전류가 유도된다. 또한, 코일의 감은 수 N이 클수록 더 큰 전류가 유도된다. 유도 전류가 흐른다는 것은 유도 전압이 가해졌음을 의미한다. 패러데이는 이러한 성질을 정리하여 다음과 같은 패러데이 법칙을 발표하였다.

$$V = -N\frac{d\phi}{dt} \tag{11.2}$$

식 (11.2)에서 Φ는 코일을 지나는 자기장의 선속, 즉 자기선속을 나타내며, 다음과 같이 정의된다.

$$\Phi = BA\cos\theta \ [\mathrm{Wb}] \tag{11.3}$$

여기서 θ는 자기장 B와 코일의 수직면이 이루는 각을 나타내며, 자기장의 방향이 코일의 단면에 수직일 때 최대가 됨을 의미한다.

따라서 패러데이 법칙으로부터 유도 기전력은 시간에 따른 자기선속의 변화율임을 알 수 있다. 또한, 패러데이 법칙에서 음수 부호도 중요한 의미를 가진다. 이는 전자기 유도에 의해 코일에 흐르는 유도 전류는 자속의 변화를 방해하는 방향으로 흐름을 의미한다. 이러한 사실은 러시아의 유명한 물리학자인 렌츠에 의해 발견되었으며, 패러데이 법칙에서 이 마이너스 부호만을 따로 렌츠의 법칙이라고 부르기도 한다.

그림 11.9는 유도 전류의 방향을 설명하기 위한 것이다. 그림 11.9(a)와 같이 N극의 자석이 코일에 다가오면 코일은 자석과 가까운 쪽을 N극으로 만들고 아래쪽을 S극으로 만듦으로써 자속의 변화를 방해하게 된다.

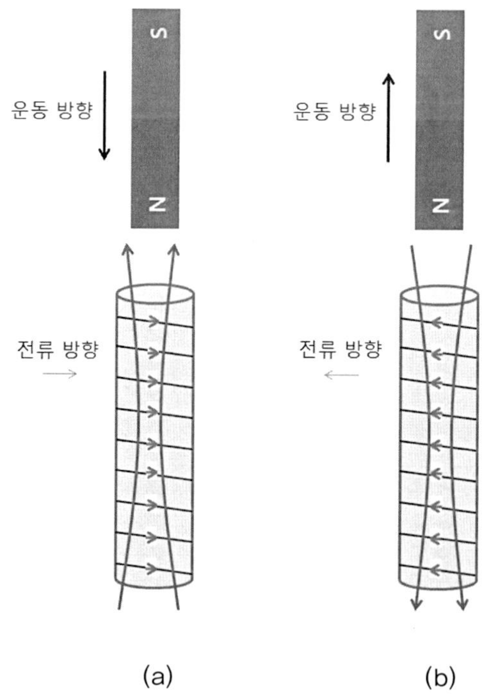

그림 11.9 유도 전류의 방향

그림 11.9(b)의 경우와 같이 자석의 N극이 코일로부터 멀어지면 코일 내부를 지나는 자기력선의 수는 감소하게 된다. 이 때 코일은 자기력선의 수가 감소하지 않게 하는 방향으로 자기장을 만들기 위해 코일의 윗부분은 S극, 아랫부분은 N극이 된다.

코일에 전류가 흐르면 마치 막대자석과 같이 자기장을 형성할 수 있다는 사실을 배웠다. 따라서 코일이 자석이 되기 위해 전류가 흐르지 않았던 코일에 전류가 흐르게 되는 것이다. 이와 같이 전자기 유도 현상을 이용하여 역학적 에너지를 전기에너지로 전환시키는 장치를 발전기라 한다.

예제 11.2 한 변의 길이가 5cm인 정사각형 모양의 폐회로가 놓여있는 곳에 회로의 면에 수직한 방향으로 형성된 균일한 자기장의 세기가 0.1초 동안에 10T로부터 −10T까지 일정한 비율로 변했다고 하자. 이 회로에 유도된 기전력을 구하라.

풀이 회로에 생기는 유도 기전력은 패러데이 법칙인 식 (11.2)에 의해

$$V = -\frac{d\phi}{dt} = -\frac{d(BA)}{dt} = -A\frac{dB}{dt} = (-0.05^2)[-10-10] = 0.5\,V$$

가 된다. ■

예제 11.3 크기가 3×10^{-2}T인 균일한 자기장 속에 놓여 있는 반지름이 4cm인 원형 고리가 그 면이 자기장과 30°의 각을 이루고 있다. 고리를 지나는 자기장에 의한 자기선속은 얼마인가?

풀이 $\phi = BA\cos\theta$로부터, $\phi = (3\times10^{-2})(\pi(0.04)^2)\cos 30^\circ = 0.129\,\mathrm{mT}$이다. ■

지금까지 전류가 도선을 통과할 때 어떻게 자기장이 형성되며, 변화하는 자기장에 의해 얼마만큼의 기전력이 유도되는지에 대해 살펴보았다.

이제 도선으로 N번 감은 코일에 전류 I가 흐르는 경우를 고려해 보자. 전류에 의해 코일의 각 고리에는 자기장이 발생한다. 따라서 코일을 통과하는 전체 자기선속은 하나의 고리를 지나는 자기선속 ϕ_m와 감은 수 N의 곱이며, 이는 코일에 흐르는 전류 I에 비례한다.

$$N\phi_m = LI \tag{11.4}$$

여기서 L을 코일의 인덕턴스라고 하며, 코일의 감은 수, 길이, 단면적, 코일 내의 물질의 종류 등에 의해 결정된다.

만일 코일에 흐르는 전류가 변화하면 자기선속의 변화가 발생하므로 패러데이의 법칙에 의해 기전력이 유도된다.

$$V = -\frac{\Delta(N\phi_m)}{\Delta t} = -L\frac{\Delta I}{\Delta t} \tag{11.5}$$

이와 같이 코일 내의 변화하는 전류는 전류 변화를 방해하는 기전력을 유도하고, 유도 기전력은 인덕턴스에 비례함을 알 수 있다.

인덕턴스의 단위는 V·s/A이며 이를 헨리(H)라 한다. 또한, 인덕턴스를 나타내는 회로 부품을 인덕터라 하며, 저항과 마찬가지로 전류의 변화에 저항하는 역할을 한다. 인덕터는 저항 및 축전기와 더불어 라디오, TV, 녹음기 등 여러 응용 분야에서 기본적인 회로 부품으로 사용된다.

예제 11.4 코일에 흐르는 전류가 1/20초 동안 10A의 전류 변화가 있었다고 할 때 1000V의 유도 기전력이 발생하였다. 이 코일의 인덕턴스를 구하라.

풀이 식 (11.5)로부터 $1000 = L\frac{10}{1/20}$이므로 인덕턴스는 $L = 500\text{H}$이다. ■

11.5 앙페르 법칙과 솔레노이드의 자기장

11.5.1 앙페르 법칙

앙페르 법칙은 전류와 자기장의 관계를 나타내는 기본 법칙 중 하나로서 어떤 공간에 분포한 전류와 그 공간에 형성되는 자기장과의 관련성을 보다 단순하게 표현한 것이다.

즉, 폐곡선 C를 따라 이 곡선 방향으로의 자기장의 총 합과 폐곡선으로 둘러싸인 단면을 통과하는 전류 I의 관계를 나타낸 것이다.

$$\oint_C B \cdot dl = \mu_0 I \tag{11.6}$$

여기서 C는 임의의 폐곡면을 나타내며, 전류에 의해 형성된 자기장을 폐곡선 C를 따라 선적분한 것은 C로 둘러싸인 면을 관통하는 알짜 전류 I의 곱에 비례함을 의미하는 것이다.

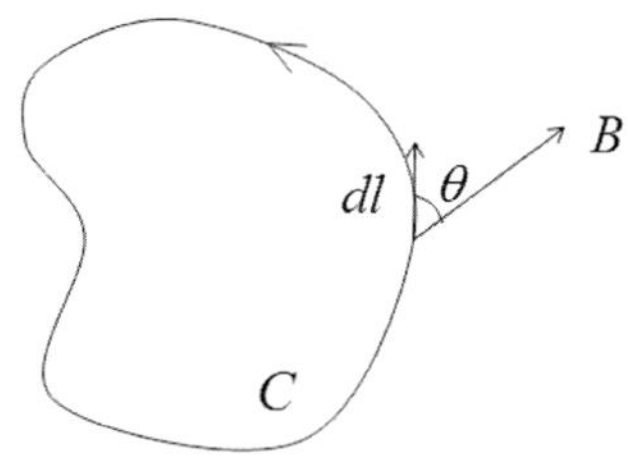

그림 11.10 앙페르 법칙

무한히 긴 도선에 전류 I가 흐를 때 도선에서 r만큼 떨어진 지점의 자기장은 다음과 같다.

$$B = \frac{\mu_0 I}{2\pi r} \tag{11.7}$$

만일 반경 r인 원을 따라 자기장에 대한 선적분시 폐곡선의 방향과 자기장의 방향이 같고 자기장의 크기는 같기 때문에 다음과 같이 쉽게 계산된다.

$$\oint_C B \cdot dl = B \oint_C dl = \left(\frac{\mu_0}{2\pi} \frac{I}{r} \right) \cdot (2\pi r) = \mu_0 I \tag{11.8}$$

위의 식은 원이 아닌 임의의 모양을 폐경로인 경우에도 항상 같은 결론에 이르게 된다.

11.5.2 솔레노이드의 자기장

솔레노이드는 자기장을 발생시키는 장치로서 그림 11.11과 같이 원통 모양의 철심에 코일을 규칙적으로 감은 것이다. 직선 도선보다는 원형 도선에, 원형 도선보다는 솔레노이드에 더 강한 자기장이 형성되는데 이는 퍼져 나가려는 자기력선을 감아서 모아 주기 때문이다. 이렇게 도선으로 감아 주면 강한 자기장, 즉 자기력을 얻을 수 있다.

단위 길이당 N번 감은 솔레노이드에 전류 I를 흐르게 하면 솔레노이드 내부에는 거의 균일하면서도 강한 자기장이 생긴다.

솔레노이드에 앙페르 법칙을 적용하여 내부에서 형성되는 자기장을 구해보자. 코일이 매우 촘촘하게 감겨 있기 때문에 거의 모든 자기장은 내부를 균일하게 흐르고 외부에서는 거의 0이다.

폐회로 abcd에 대해 ab, bc, cd, da를 택할 때 ab를 제외한 모든 구간에서는 자기장이 없거나(cd) 있더라도 그 방향이 경로의 방향과 수직(bc와 da)이어서 적분 결과가 0이 된다. 그러나 ab에서는 솔레노이드가 상당히 길고 l이라 할 때 내부를 흐르는 자기장은 균일하게 생각할 수 있으므로 내부 자기장은 다음과 같다.

$$\sum B\Delta l \cos\theta = Bl = \mu_0 NI \tag{11.9}$$

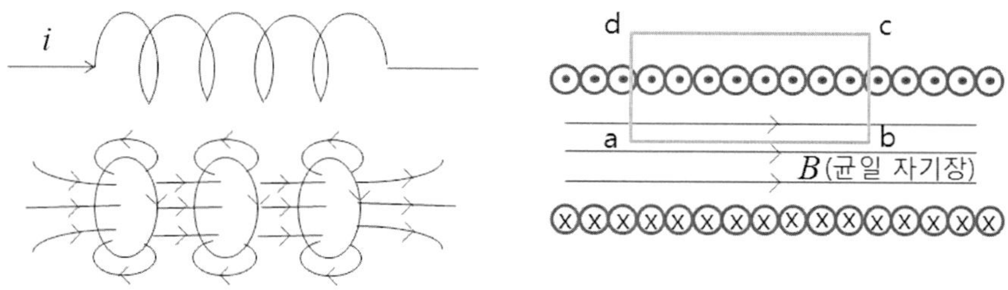

그림 11.11 솔레노이드의 자기장

예제 11.5 길이가 0.425m이고 감은 수가 950인 솔레노이드가 있다. 2.75A의 전류가 흐를 경우 솔레노이드의 내부 자기장은 얼마인가 ?

풀이 $B = \mu_0 NI = (4\pi \times 10^{-7}) \cdot \left(\dfrac{950}{0.425}\right) \cdot (2.75) = 7.72\text{mT}$ 이다. ■

연습문제

1. 반지름 2cm의 긴 솔레노이드 코일에 5A의 전류가 흐를 때 코일 내부의 자기장 세기는 얼마인가? 단 솔레노이드의 길이는 50cm이고 전체 감은 수는 500회이다.

2. 단면적 0.04m^2의 50회 감긴 코일에 0.6T의 자기장이 통과하고 있다. 코일을 지나는 총 자기선속을 구하라.

3. 도선의 코일을 통과하는 자기선속이 0.5초 만에 $4\text{T}\cdot\text{m}^2$에서 0까지 변했다. 이 시간 동안 코일에 유도된 평균 전압의 크기를 구하라.

4. 1cm에 30회 감은 긴 솔레노이드에 10A의 전류가 흐를 때, 솔레노이드의 중심 부근에서 자기장을 계산하라.

5. 길이가 40cm, 감은 횟수가 600회, 반지름이 3cm인 솔레노이드에 7.5A의 전류가 흐를 때 솔레노이드에 통과하는 자속을 구하라.

6. 길이 6cm에 걸쳐 균일하게 40번 감은 솔레노이드의 중심에 2.0mT의 자기장이 생성되도록 하려면 얼마의 전류를 흘려주어야 하는가?

7. 전류 5.0A가 흐를 때 저항 5.0Ω을 가지며 중심에 자기장 4.0×10^{-2}T를 갖는 솔레노이드를 만들고자 한다. 사용되는 도선은 지름 0.5mm의 구리 도선이다. 솔레노이드의 반지름이 1.0cm일 때 (a) 감아야 할 횟수와 (b) 솔레노이드의 길이를 구하라.

8. 어떤 솔레노이드의 길이가 0.43m, 감은 수는 950번, 솔레노이드에 2.85A 의 전류가 흐를 때 솔레노이드 중심에서의 자기장은 얼마인가?

9. 도선으로 100회 감긴 코일이 있다. 코일은 각각 한 변의 길이가 d=15cm인 정사각형으로 되어 있고, 코일의 면에 수직으로 균일한 자기장이 가해진다. 0.7초 동안 자기장이 0에서 0.5T로 일정하게 변한다고 할 때 코일에 유도되는 기전력의 크기는 얼마인가?

10. 단면적이 $4.0cm^2$이고 길이가 30.0cm인 원통에 200회 코일이 감긴 솔레노이드의 자체 유도 계수를 구하라. 또한, 50A/s의 비율로 전류가 감소할 때 솔레노이드의 자체 유도 기전력을 구하라.

제 12 장

교류 회로

12.1 교류

12.1.1 직류와 교류의 차이점

직류(DC, Direct Current)란 시간에 따라 크기와 방향이 변하지 않는 전압 또는 전류를 말한다. 일상생활에서 우리가 많이 사용하고 있는 건전지나 대부분의 축전지는 직류 전원이며 각기 전지마다 고유의 기전력을 가지고 있다.

반면, 교류(AC, Alternating Current)는 시간에 따라 크기와 방향이 주기적으로 변하는 전압 또는 전류이다. 10장에서 설명한 바와 같이 발전기는 코일을 일정 속도로 회전시킴으로써 교류 전압을 발생시킨다. 그림 12.1은 직류 및 정현파 교류를 보인 것이다.

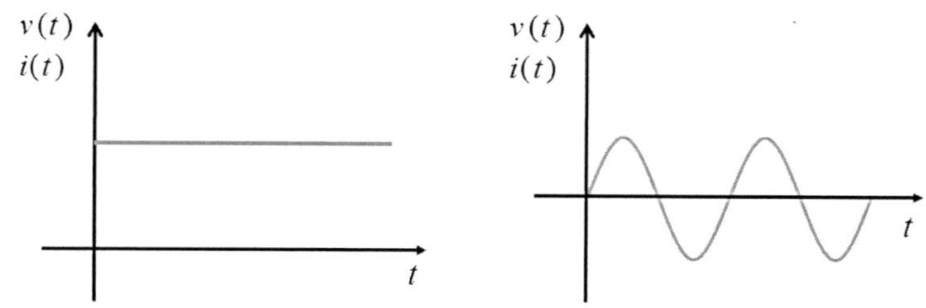

(a) 직류 (b) 정현파 교류

그림 12.1 직류와 교류

우리나라의 한국 전력에서 공급하는 전기는 200V 60Hz의 교류 전원이며, 전 세계적으로 가정이나 산업용 전기로 교류 전원을 사용하고 있다. 이와 같이 직류 대신 교류를 사용하는 이유는 교류는 변압기를 사용하여 전압을 간단히 올리거나 낮출 수 있기 때문이다. 만일 교류 전기의 전압을 높여서 송전하면 전선을 굵게 하지 않아도 원거리 전송이 가능하게 된다.

12.1.2 정현파 교류

여러 가지 형태의 교류 중에서 일정 시간마다 주기적인 변화를 일으키며 사인파 모양으로 변화하는 교류를 정현파 교류(sine wave AC)라 한다. 일반적으로 말하는 교류는 거의 대부분이 정현파 교류이다. 그림 12.2는 정현파 교류를 보인 것이다.

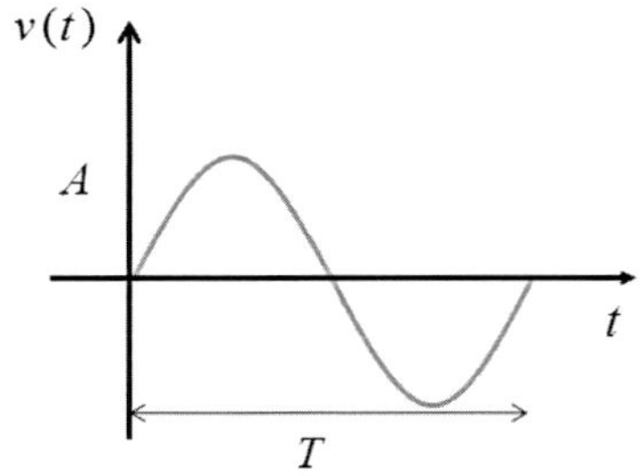

그림 12.2 정현파 교류

정현파 교류는 다음과 같이 표현되며, 임의의 시간에 있어서의 전류 또는 전압 값을 나타내므로 순시값이라 한다.

$$v(t) = A\sin(2\pi ft + \phi) \tag{12.1}$$

여기서 A는 최대값, f는 진동수 그리고 ϕ는 위상을 의미한다. 진동수 f는 주기 T와 반비례 관계, 즉 $f = \dfrac{1}{T}$와 같으므로 식 (10.1)은 다음과 같이 표현할 수 있다.

$$v(t) = A\sin\left(\frac{2\pi}{T}t + \phi\right) \tag{12.2}$$

또한, ω는 각주파수, 즉 단위 시간당 회전 각도를 나타내므로 $\dfrac{2\pi}{T}$와 같은 표현이다(5장을 참고하라). 따라서 식 (10.2)는 아래와 같이 표현할 수 있다.

$$v(t) = A\sin(\omega t + \phi) \tag{12.3}$$

따라서 식 (12.1), (12.2), (12.3)은 모두 정현파 교류에 대한 등가식이다.

우리나라의 경우 교류 전원의 진동수가 60Hz이므로

$$\omega = 2\pi \times 60 = 377\,[\text{rad/s}]$$

가 되고, 정현파 교류 전압은 다음과 같이 표현할 수 있다.

$$v(t) = V_{\max}\sin(377t)$$

예제 12.1 교류 전압 $v(t) = 311\sin 377t$의 최대값과 주기를 구하라.

풀이 식 (10.2)와 주어진 정현파 교류 전압식을 비교하면

최대값 $V_{max} = 311[V]$가 되고, $\frac{2\pi}{T} = 377$로부터 주기는 $T = 0.017[sec]$임을 알 수 있다. ■

12.1.3 평균값과 실효치

가정에서 사용하는 전원은 220V 교류 전원이다. 그렇다면 여기서 220V라는 것은 교류 전원의 최대값을 의미하는 것일까?

파형이 다른 형태의 정현파 교류의 크기를 비교할 때 순시값의 최대값만으로는 불충분하므로 평균값과 실효값을 사용한다.

평균값은 한 주기 동안의 순시값의 평균을 취하여 교류의 크기를 나타낸 것으로서 다음과 같이 정의된다.

$$v_{ac} = \frac{1}{T}\int_0^T v(t)dt \tag{12.4}$$

여기서 T는 주기이며 주로 DC 전압계나 전류는 평균값을 지시한다.

실효치(rms, root mean square)는 열효과의 대소를 나타내는 값으로서 다음과 같이 순시치의 제곱의 평균값을 제곱근한 것으로 정의된다.

$$v_s = \sqrt{\int_0^T v^2(t)dt} \tag{12.5}$$

이 식은 동일한 저항과 동일한 시간동안 교류 전원에 의한 저항의 발열량이 직류 전원에 의한 저항의 발열량과 같을 때 직류 전원과 교류 전원은 동일한 효과가 있다고 보고 실제 효과가 있는 값이라는 점에서 이때의 교류 전원을 구한 것이다.

정현파 교류의 실효치를 구하기 위해 식 (12.5)에 식 (12.3)을 대입하면 다음의 식이 유도된다.

$$v_s = \frac{V_{max}}{\sqrt{2}} \tag{12.6}$$

이로부터 교류 전원의 실효치는 최대값을 $\sqrt{2}$로 나눈 값과 같음을 알 수 있다. 가정용 220V는 교류 전원의 최대값이 아닌 실효치로 표기한 것이므로 최대값은 약 311[V]가 되는 것이다.

각종 멀티테스터와 같은 측정계기들은 모두 실효치를 지시한다. 반면, 오실로스코프와 같이 파형을 직접 측정하는 계기는 순시치와 최대치를 측정할 수 있다.

12.2 RLC 회로 소자의 정현파 전압과 전류 관계

12.2.1 교류 회로에서의 저항기

그림 12.3(a)와 같이 저항 R에 교류 전류 $i(t) = I_{\max}\sin\omega t$가 흐를 때, 옴의 법칙에 따라 저항 양단의 전압은

$$v_R(t) = Ri(t) = RI_{\max}\sin\omega t = V_{\max}\sin\omega t \tag{12.7}$$

가 된다.

여기서 전압의 최대값은 $V_{\max} = RI_{\max}$이며, 그림 12.3(b)는 시간에 따른 저항의 전류와 전압의 위상 관계를 보인 것이다.

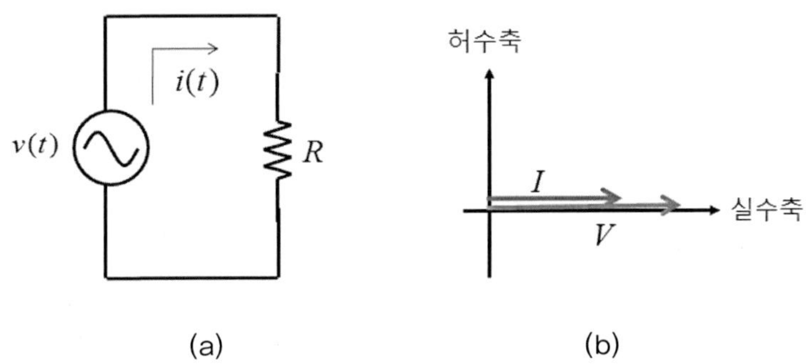

그림 12.3 저항 R에서의 교류 전압-전류 관계

그림에서 알 수 있듯이 저항의 전류와 전압은 동일 위상을 가진다. 즉, 전압 및 전류 모두 같은 시간에 최대값에 도달하게 된다.

12.2.2 교류 회로에서의 인덕터

그림 12.4(a)와 같이 인덕터 L에 교류 전류 $i(t)$가 흐를 때 인덕터에 유도되는 전압은

$$v_L(t) = L\frac{di(t)}{dt} = L\frac{d}{dt}(I_{max}\sin\omega t) \tag{12.8}$$

$$= \omega L I_{max}\cos\omega t = V_{max}\sin\left(\omega t + \frac{\pi}{2}\right)$$

가 된다. 여기서 전압의 최대값은 $V_{max} = \omega L I_{max}$ 이므로 정리하면

$$\frac{V_{max}}{I_{max}} = \omega L \tag{12.9}$$

가 된다. 이는 저항과 같은 단위를 갖는 일종의 교류 저항임을 알 수 있다. 그러나 일반적인 저항과는 달리 전류가 전압보다 위상이 $\frac{\pi}{2}$ 뒤지므로 ωL을 유도성 리액턴스(indictive reactance)라 하며, 다음과 같이 X_L로 표현한다.

$$X_L = \omega L = 2\pi f L \tag{12.10}$$

이 식으로부터 진동수 f가 높을수록 X_L은 커지며, 이로부터 인덕터에 흐르는 전류는 작아짐을 알 수 있다. 따라서 인덕터는 고주파 전류의 흐름을 억제하는데 이용된다.

그림 12.4(b)는 인덕터의 교류 전압과 전류의 관계를 보인 것이다.

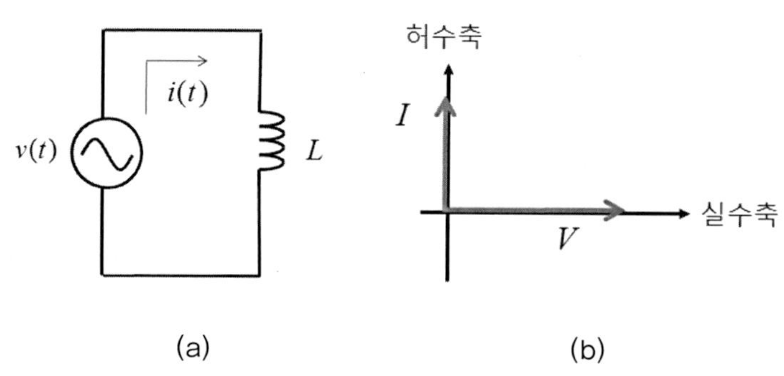

그림 12.4 인덕터에서의 교류 전압 및 전류 관계

그림에서 보는 바와 같이 인덕터는 전류가 전압보다 $\frac{\pi}{2}$ 뒤짐을 알 수 있다.

예제 12.2 인덕터 L에 전류 $i(t)=50\cos 377t$[A]를 흘려주었더니 양단 전압 $v(t)=125\sin 377t$가 되었다. L의 값을 구하라.

풀이 식 (12.9)에서

$$\omega L=\frac{V_{\max}}{I_{\max}}$$

이므로

$$L=\frac{V_{\max}}{\omega I_{\max}}=\frac{125}{377\cdot 50}=0.007[\mathrm{H}]$$

이다. ■

예제 12.3 인덕턴스가 31.8mH인 인덕터에 전압 $v(t)=100\sqrt{2}\sin(\omega t+60^\circ)$을 인가할 때 인덕터의 유도성 리액턴스와 인덕터에 흐르는 전류를 100Hz에 대해 구하라.

풀이 유도성 리액턴스는

$$X_L=2\pi fL=2\pi\cdot(100)\cdot(31.8\times 10^{-3})=20\Omega$$

이다.

따라서 인덕터에 흐르는 최대 전류는

$$I_{\max}=\frac{V_{\max}}{X_L}=\frac{100\sqrt{2}}{20}=5\sqrt{2}\,\mathrm{A}$$

이다.

인덕터는 전류가 전압보다 $\frac{\pi}{2}$ 뒤지므로 인덕터에 흐르는 전류는

$$i(t)=5\sqrt{2}\sin(2\pi\cdot 100t+60^\circ-90^\circ)=5\sqrt{2}\sin(628t-30^\circ)[\mathrm{A}]$$

가 된다. ■

12.2.3 교류 회로에서의 축전기

그림 12.5(a)와 같이 축전기 C에 교류 전류 $i(t)$가 흐를 때 축전기에 축적되는 전압은

$$v_C(t)=\frac{1}{C}\int i(t)dt=\frac{1}{C}\int I_{\max}\sin\omega t dt \tag{12.11}$$

$$=-\frac{1}{\omega C}I_{\max}\cos\omega t=V_{\max}\sin\left(\omega t-\frac{\pi}{2}\right)$$

가 된다. 여기서 전압의 최대값은 $V_{\max}=\frac{1}{\omega C}I_{\max}$ 이므로 정리하면

$$\frac{V_{\max}}{I_{\max}}=\frac{1}{\omega C} \tag{12.12}$$

가 된다. 이는 마찬가지로 저항과 같은 단위를 갖는 일종의 교류 저항임을 알 수 있다. 그러나 전류가 전압보다 위상이 $\frac{\pi}{2}$ 앞서므로 $\frac{1}{\omega C}$을 용량성 리액턴스(capacitive reactance)라 하며, 다음과 같이 X_C로 표현한다.

$$X_C=\frac{1}{\omega C}=\frac{1}{2\pi f C} \tag{12.13}$$

이 식으로부터 진동수 f가 높을수록 X_C는 커지며, 이로부터 축전기에 흐르는 전류는 커짐을 알 수 있다. 따라서 축전기는 저주파 전류의 흐름을 억제하는데 이용된다.

그림 12.5(b)는 축전기의 교류 전압과 전류의 관계를 보인 것이다.

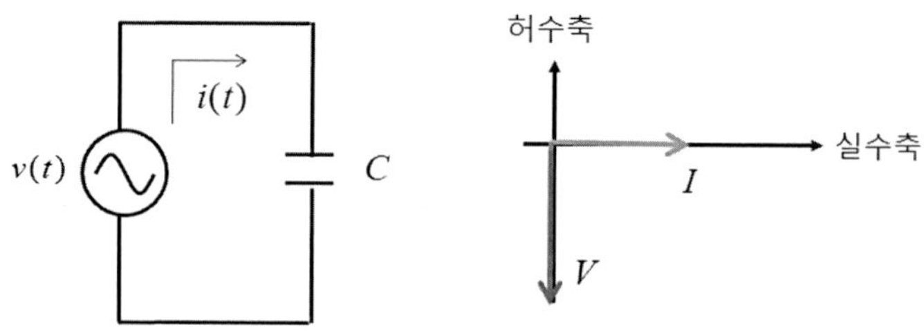

(a) (b)

그림 12.5 축전기에서의 교류 전압 및 전류 관계

그림에서 보는 바와 같이 인덕터는 전류가 전압보다 $\frac{\pi}{2}$ 앞섬을 알 수 있다.

예제 12.4 커패시턴스가 0.1μF인 축전기에 실효값 141[V], 진동수 1[kHz], 위상각 10°인 정현파 교류 전압을 가했을 때 전류의 순시값을 구하라.

풀이 주어진 문제로부터 축전기에 인가된 교류 전압은

$v(t) = 100\sin(2\pi \cdot 10^3 t + 10°)$와 같다.

따라서 축전기에 흐르는 전류는

$$i(t) = C\frac{dv(t)}{dt} = (0.1 \times 10^{-6})\frac{d}{dt}(100\sin 2\pi 10^3 t + 10°)$$

$$= 1.26\cos(2\pi 10^3 t + 10°) = 12.6\sin(2\pi 10^3 t + 100°)$$

이다. ■

예제 12.5 커패시턴스가 1.06[μF]인 축전기에 전압 $v(t) = 150\sin(\omega t - 30°)$을 인가할 때 축전기 용량성 리액턴스와 축전기에 흐르는 전류를 100Hz에 대해 구하라.

풀이 용량성 리액턴스는

$$X_C = \frac{1}{2\pi f C} = \frac{1}{2\pi \cdot (100) \cdot (1.06 \times 10^{-6})} = 1500\Omega$$

이다.

따라서 축전기에 흐르는 최대 전류는

$$I_{\max} = \frac{V_{\max}}{X_C} = \frac{150}{1500} = 0.1\text{A}$$

이다.

축전기는 전류가 전압보다 $\frac{\pi}{2}$ 앞서므로 축전기에 흐르는 전류는

$$i(t) = 0.1\sin(2\pi \cdot 100t - 30° + 90°) = 0.1\sin(628t + 60°)[\text{A}]$$

가 된다. ■

12.3 RL 직렬 회로

그림 12.6(a)와 같이 RL 직렬 회로에 교류 전류 $i(t)=I_{max}\sin(\omega t+\phi)$가 흐를 때 전체 전압을 구해 보도록 하자.

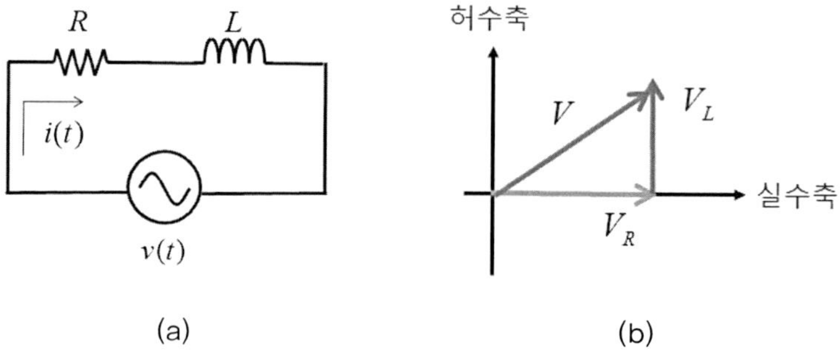

그림 12.6 RL 직렬 회로

먼저 저항 R과 인덕터 L의 양단 전압은 각각 다음과 같다.

$$v_R(t)=Ri(t)=RI_{max}\sin(\omega t+\phi) \quad (12.14)$$

$$v_L(t)=L\frac{di(t)}{dt}=\omega LI_{max}\cos(\omega t+\phi)=X_LI_{max}\cos(\omega t+\phi) \quad (12.15)$$

따라서 키르히호프 제2법칙에 따라 전압 방정식을 세워 보면 다음과 같다.

$$\begin{aligned} v &= v_R(t)+v_L(t) \quad (12.16) \\ &= RI_{max}\sin(\omega t+\phi)+X_LI_{max}\cos(\omega t+\phi) \\ &= I_{max}\sqrt{R^2+X_L^2}\left(\frac{R}{\sqrt{R^2+X_L^2}}\sin(\omega t+\phi)+\frac{X_L}{\sqrt{R^2+X_L^2}}\cos(\omega t+\phi)\right) \\ &= I_{max}\sqrt{R^2+X_L^2}\sin(\omega t+\phi+\theta) \\ &= V_{max}\sin(\omega t+\phi+\theta) \end{aligned}$$

여기서 $V_{max}=\sqrt{R^2+X_L^2}\,I_{max}$이므로 $\frac{V_{max}}{I_{max}}=\sqrt{R^2+X_L^2}$은 저항과 같은 단위를 가지는 임피던스 Z로 표현한다.

$$Z = \sqrt{R^2 + X_L^2} \tag{12.17}$$

또한, θ는 그림 12.7과 같이 R과 X_L을 두 변으로 하는 직각 삼각형의 밑각으로 할 때 다음과 같이 표현된다.

$$\theta = \tan^{-1}\left(\frac{X_L}{R}\right) \tag{12.18}$$

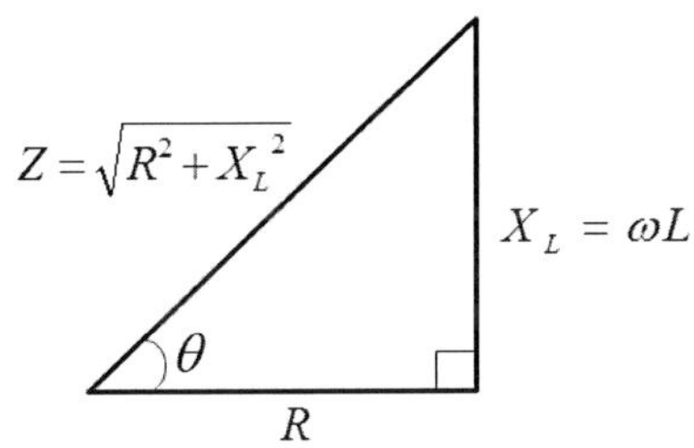

그림 12.7 R과 X_L을 두 변으로 하는 직각 삼각형

따라서 RL 직렬 회로에서 전체 전압과 전류의 위상 관계는 그림 12.6(b)와 같이 θ에 따라 달라지게 된다. 예를 들어, $R = X_L$이면 $\theta = 45^\circ$이므로 전류는 전압보다 45° 뒤지고, $R \gg X_L$이면 $\theta \approx 0^\circ$이므로 전류와 전압은 거의 같은 위상을 가진다. 반면, $R \ll X_L$이면 $\theta \approx 90^\circ$이므로 전류는 전압보다 90° 뒤진다.

위에서 설명한 관계식을 RC 직렬 회로에 확장하여 적용하면 전체 전압은 다음과 같다.

$$v = V_{\max}\sin(\omega t + \phi + \theta) \tag{10.19}$$

여기서 $V_{\max} = \sqrt{R^2 + X_C^2}\, I_{\max}$이므로 임퍼던스는

$$Z = \sqrt{R^2 + X_C^2} \tag{10.20}$$

가 되며, ϕ는 전류의 위상각을 나타낸다.

또한, θ는 전압과 전류의 위상차를 의미하며 다음과 같다,

$$\theta = \tan^{-1}\left(\frac{-X_C}{R}\right) \tag{10.21}$$

예제 12.6 저항 15[Ω], 인덕턴스 53[mH]인 인덕터가 직렬 연결되었을 때

(a) 60[Hz]에 대한 임피던스 Z를 구하라.

(b) 전류와 전압의 위상차 θ를 구하라.

풀이 (a) RL 직렬 회로에서 임피던스는

$$Z = \sqrt{R^2 + X_L^2}$$

이므로

유도성 리액턴스를 구하면

$$X_L = 2\pi f L = 2\pi \cdot (60) \cdot (53 \times 10^{-3}) = 20[\Omega]$$

이다. 따라서

$$Z = \sqrt{R^2 + X_L^2} = \sqrt{15^2 + 20^2} = 25[\Omega]$$

이다.

(b) $\theta = \tan^{-1}\left(\dfrac{X_L}{R}\right) = \tan^{-1}\left(\dfrac{20}{15}\right) = 53.1°$ 이다. ■

12.4 RLC 직렬 회로

이제 마지막으로 그림 12.8(a)와 같이 RLC 직렬 회로에 대해 생각해 보자. 앞 절에서 설명한 RL 직렬 회로와 같은 방법으로 전개해 나가면 될 것이다.

R, L, C의 양단 전압을 구하면

$$v_R(t) = Ri(t) = RI_{max}\sin(\omega t + \phi) \tag{12.22}$$

$$v_L(t) = L\frac{di(t)}{dt} = \omega L I_{max}\cos(\omega t + \phi) = X_L I_{max}\cos(\omega t + \phi) \tag{12.23}$$

$$v_C(t) = \frac{1}{C}\int i(t)dt = -\frac{1}{\omega C}I_{max}\cos(\omega t + \phi) = -X_C I_{max}\cos(\omega t + \phi) \tag{12.24}$$

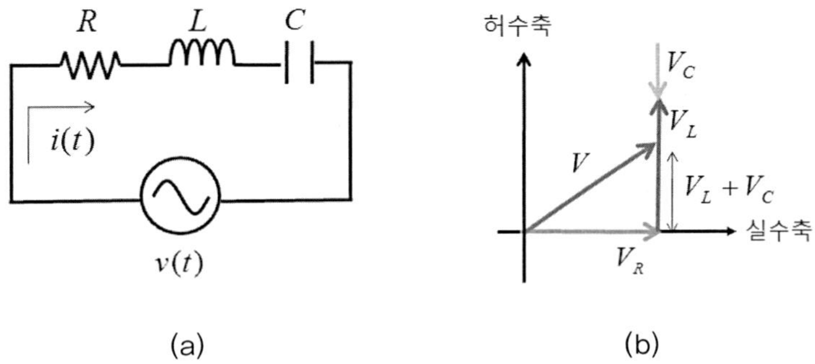

그림 12.8 RLC 직렬 8회로에서의 교류 전압 및 전류 관계

따라서 RLC 직렬 회로의 전체 전압은

$$
\begin{aligned}
v &= v_R(t) + v_L(t) + v_C(t) \qquad (12.25)\\
&= RI_{\max}\sin(\omega t+\phi) + X_L I_{\max}\cos(\omega t+\phi) - X_C I_{\max}\cos(\omega t+\phi)\\
&= I_{\max}\sqrt{R^2+(X_L-X_C)^2}\,\sin(\omega t+\phi-\theta)\\
&= V_{\max}\sin(\omega t+\phi-\theta)
\end{aligned}
$$

가 된다.

여기서 $V_{\max} = \sqrt{R^2+(X_L-X_C)^2}\,I_{\max}$ 이므로 임피던스 Z는 다음과 같고

$$Z = \sqrt{R^2+(X_L-X_C)^2} \qquad (12.26)$$

전압과 전류의 위상차는 아래와 같다.

$$\theta = \tan^{-1}\left(\frac{X_L-X_C}{R}\right) \qquad (12.27)$$

그림 12.8(b)는 전체 전압과 전류의 위상 관계를 보여주고 있다.

예제 12.7 저항 1[Ω], 인덕턴스 2[H], 정전용량이 $\frac{1}{6}$[F]인 커패시턴스가 직렬 연결된 회로에서 전압 $v(t) = 10\sqrt{2}\sin\left(2t+\frac{\pi}{3}\right)$[V]를 인가할 때 회로에 흐르는 전류 $i(t)$를 구하라.

풀이 전류

$$i(t) = \frac{V_{\max}}{Z}\sin(\omega t + \phi - \theta)$$

에서 ϕ는 전류의 위상각이므로 주어진 문제에서 $\frac{\pi}{3}$[rad]이며,

$$Z = \sqrt{R^2 + (X_L - X_C)^2}\,,\ \theta = \tan^{-1}\left(\frac{X_L - X_C}{R}\right)$$

이다. 여기서

$$X_L = \omega L = 2 \cdot (2) = 4[\Omega],\ X_C = \frac{1}{\omega C} = \frac{1}{2 \cdot (1/6)} = 3$$

이므로

$$Z = \sqrt{1^2 + (4-3)^2} = \sqrt{2}\,[\Omega]$$

이며,

$$\theta = \tan^{-1}\left(\frac{4-3}{1}\right) = \frac{\pi}{4}$$

이다.

따라서

$$i(t) = \frac{10\sqrt{2}}{\sqrt{2}}\sin\left(2t + \frac{\pi}{3} - \frac{\pi}{4}\right) = 10\sin\left(2t + \frac{\pi}{12}\right)$$

이다. ■

연 습 문 제

1. 가정에 공급되는 교류 120V의 최대 전압은 얼마인가?

2. 1850kHz에서 작동하는 525mH 인덕터의 리액턴스를 계산하라.

3. 8H의 인덕터와 5Ω의 저항을 3V의 전원과 직렬 연결되어 있다. 전체 임피던스 및 회로 내에 흐르는 전류는 얼마인가?

4. $0.2\mu F$의 축전기가 10kHz의 교류 전원에 연결되어 있다. 축전기의 리액턴스는 얼마인가? 또한, 축전기 양단 전압이 9V일 때 최대 전류는 얼마인가?

5. $R = 300\Omega$, $L = 1H$, $C = 2\mu F$인 직렬 RLC 회로에 최대 전압이 100V이고 $\omega = 1000 \mathrm{rad/s}$인 교류 전원이 연결되어 있다.

   (a) 회로의 임피던스는 얼마인가?

   (b) 회로에 흐르는 최대 전류는 얼마인가?

   (c) 전압과 전류의 위상차 ϕ를 구하라.

   (d) 또한, 각 소자에 걸리는 양단 전압을 구하라.

알기 쉬운 물리

제13장

파동

1. 파동이란?
2. 파동의 전파
3. 파동의 반사와 굴절
4. 파동의 간섭
5. 파동의 정상파
6. 파동의 회절

13.1 파동이란?

여러분은 종이컵에 실을 연결하여 전화기 놀이를 해본 적이 있을 것이다. 실전화기의 원리는 목소리의 진동을 종이컵에 모으고 실을 통해 상대방 종이컵에서 귀로 전달하는 것이다. 이와 같이 대부분의 소리는 물체의 진동에 의해 만들어진 파동이다. 파동은 한 곳에서 생긴 떨림이 주기적으로 변하면서 그 변화가 공간을 따라 전파되는 현상을 말한다. 호수에 돌멩이를 던졌을 때 퍼져 나가는 원 모양의 물결도 파동의 한 예라 볼 수 있다.

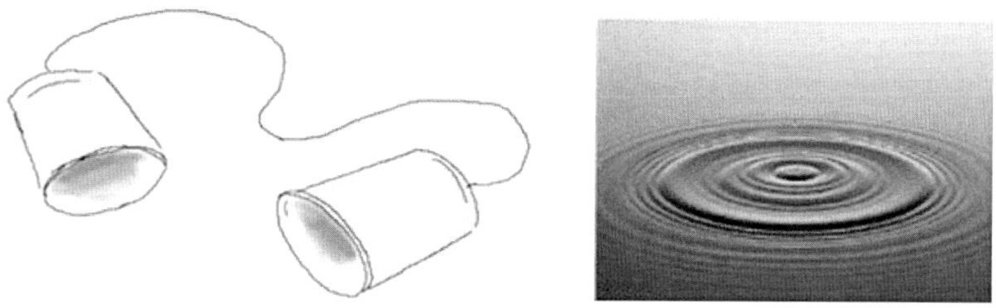

그림 13.1 파동의 예

파동은 그림 13.2와 같이 매질의 진동 방향에 따라 횡파와 종파로 나뉜다. 횡파는 파동의 진행 방향과 매질의 진동 방향이 수직인 파동을 의미한다. 그림 13.2(a)와 같이 용수철의 한쪽 끝을 상하 수직으로 흔들면 횡파의 파동을 만들 수 있다. 이때 용수철의 진동은 파동이 진행하는 방향과 수직이 된다. 기타나 바이올린 줄을 튕길 때 생기는 파동이나 호수에 돌을 던졌을 때 퍼져 나가는 수면파, 그리고 전파나 빛과 같은 전자기파는 횡파의 한 예이다.

종파는 파동의 진행 방향과 매질의 진동 방향이 평행한 파동을 말한다. 그림 13.2(b)와 같이 용수철의 한쪽 끝을 앞뒤로 밀고 당기면 용수철의 각 부분이 앞뒤로 진동하게 되는데, 이 때 파동이 진행하는 방향과 평행하다. 물체의 진동이 공기 중으로 퍼져 나가는 음파(소리)나 박쥐가 동굴에서 장애물을 피하기 위해 이용하는 초음파 또한 음파의 일종이므로 종파에 해당된다.

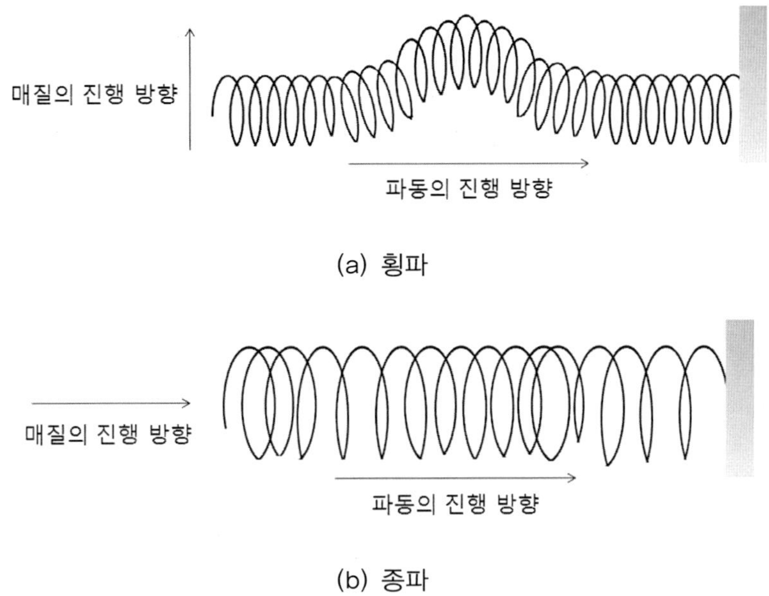

그림 13.2 파동의 분류 : 횡파와 종파

13.2 파동의 전파

일반적으로 파동은 그림 13.3과 같이 사인파 형태로 나타나며, 파동의 최고점을 마루, 최저점을 골이라 한다. 진폭은 평형점으로부터 파동의 마루 또는 골까지의 거리를 말한다.

마루에서 이웃한 마루까지의 거리를 파장이라 하며, 1초당 진동한 횟수를 진동수 또는 주파수라 한다. 진동수의 단위는 Hz(헤르츠)이다. 파동이 한 번 진동하는 데 걸리는 시간을 주기라 하며, SI 단위는 s(초)이다. 주기와 진동수는 서로 역수 관계에 있다.

$$f = \frac{1}{T} \tag{13.1}$$

파동의 전파 속력은 매질에 따라 다르다. 예를 들면, 소리는 공기 중에서 330~350m/s(온도에 따라 달라짐)의 속력으로 진행하지만 물속에서는 4배 정도 빠르게 진행한다. 매질이 무엇이든지 간에 파동의 전파 속력, 진동수, 파장은 다음의 관계가 있다.

$$\lambda = \frac{v}{f} \quad \text{또는} \quad v = \lambda f \tag{13.2}$$

여기서 v는 파동의 속력, f는 진동수, λ는 파장이다. 이 관계식은 모든 주기적 파동에 적용된다.

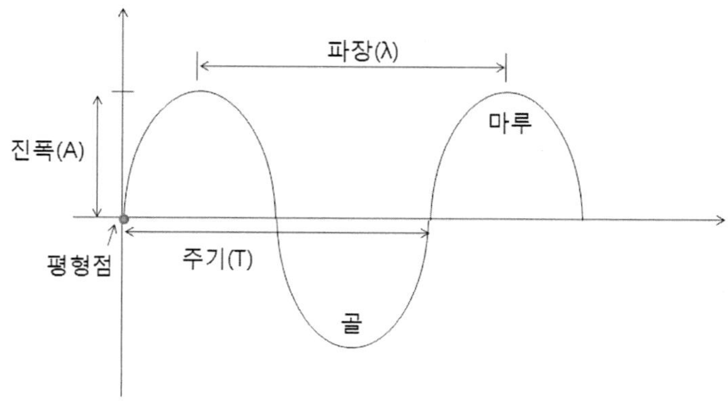

그림 13.3 파동 형태

예제 13.1 수면파의 주기가 2초이고, 마루와 마루 사이의 거리가 3m일 때 진동수, 파장, 속력은 얼마인가?

풀이 진동수 $f = \frac{1}{T} = \frac{1}{2} = 0.5\,\text{Hz}$, 파장 $\lambda = 3\,\text{m}$, 속력은 $v = \lambda f = 3(0.5) = 1.5$ m/s이다. ■

13.3 파동의 반사와 굴절

줄을 따라 진행하는 파동이 다른 매질에 닿게 되면 일부 또는 전부가 되돌아오는 반사 현상이 발생한다. 파동의 반사는 줄 끝의 고정 여부에 따라 달라진다.

그림 13.4(a)와 같이 줄의 한 끝을 단단하게 묶어 벽에 고정시켜 보자. 줄을 따라 진행하던 파동이 진동이 억제된 고정단에 부딪히면 벽에 의한 반작용으로 인해 줄이 아래쪽으로 끌려 파동의 모양이 뒤집히면서 반사된다.

반면, 그림 13.4(b)와 같이 줄의 한쪽 끝을 자유롭게 했을 때 줄을 따라 진행하던 파동은 위상의 변화 없이 반사된다.

또한, 파동은 매질이 달라지면 일부는 반사되고, 일부는 굴절된다. 이때 굴절파의 진동수는 입사파의 진동수와 동일하지만 파장과 속력은 달라지게 된다. 예를 들면, 수면파는 깊은 곳에서 얕은 곳으로 진행할 때 파장과 속력이 작아진다. 또한, 군악대가 거리를 행진할 때 좋은 길에서는 빠르게 진행할 수 있지만 진흙 길에서는 느리게 진행한다. 이와 같이 매질의 경계면에서 파동의 진로가 바뀌게 되는 현상을 굴절이라 한다.

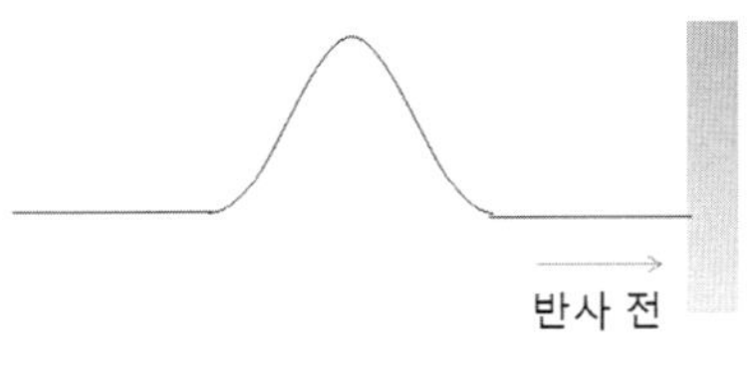

(a) 고정단 반사

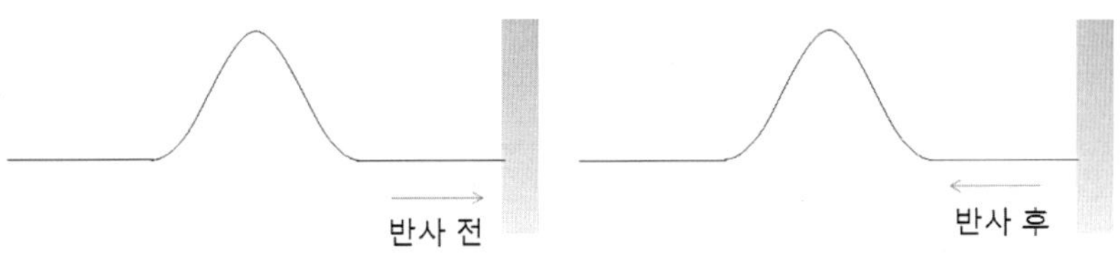

(b) 자유단 반사

그림 13.4 고정단 및 자유단 반사

그림 13.5와 같이 파장 λ_1, 속도 v_1인 파동이 굴절률 n_1의 매질 1에서 입사하여 굴절률이 n_2인 매질 2로 굴절될 때 파장 λ_1, 속도 v_2가 되었다면, A점이 A'점으로 진행하는 시간 Δt 동안 $v_1 \Delta t$의 거리를 진행할 것이고, B점은 B'까지 같은 시간동안 $v_2 \Delta t$의 거리를 진행하여 A'B'으로 될 것이다.

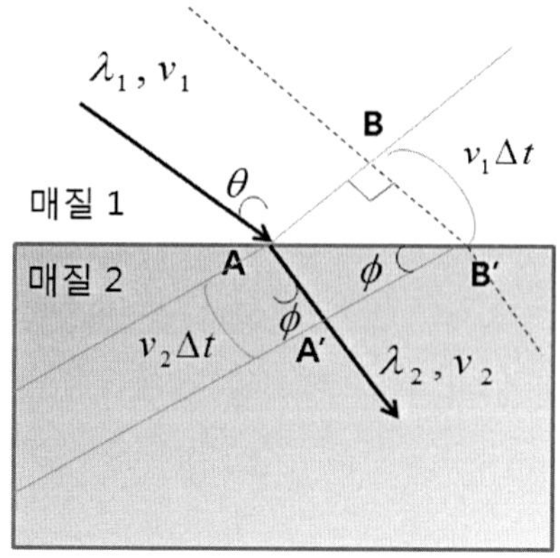

그림 13.5 파동의 굴절

따라서

$$AB'\sin\theta = v_1 \Delta t \tag{13.3}$$

$$AB'\sin\phi = v_2 \Delta t \tag{13.4}$$

식 (13.3)을 식 (13.4)로 나누면 다음과 같이 매질 1에서 매질 2로 입사할 때의 굴절률에 관한 식이 유도된다.

$$n_{12}(\text{일정}) = \frac{n_2}{n_1} = \frac{v_1}{v_2} = \frac{\sin\theta}{\sin\phi} \tag{13.5}$$

여기서 θ는 입사각, ϕ는 굴절각을 의미한다.

그러나 매질이 변하더라도 진동수 f는 변하지 않기 때문에 $v_1 = \lambda_1 f$, $v_2 = \lambda_2 f$를 식 (13.5)에 대입하면

$$\frac{n_2}{n_1} = \frac{v_1}{v_2} = \frac{\sin\theta}{\sin\phi} = \frac{\lambda_1}{\lambda_2} \quad \text{또는} \quad n_1\sin\theta = n_2\sin\phi \tag{13.6}$$

와 같고, 이를 스넬의 법칙이라 한다. 스넬의 법칙에 의해 파동이 굴절률이 작은 매질에서 굴절률이 큰 매질로 진행하면 굴절각이 작아지며 파동 속력은 느려짐을 알 수 있다. 또한, 입사각과 반사각을 알면 파동의 속도를 계산할 수 있다.

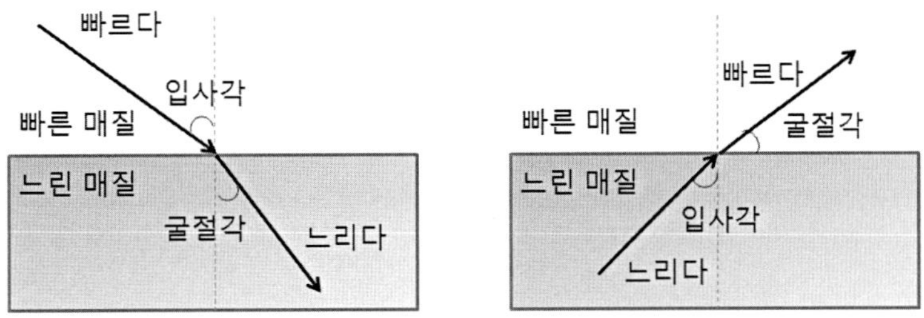

■ **밤에 소리가 잘 들리는 것은 공기의 온도가 달라 소리가 굴절하기 때문이다.**

예제 13.2 매질 1에서 매질 2로 입사각 60°로 파동을 입사시켰을 때 굴절각이 30°였다.

(a) 매질 1에 대한 매질 2의 굴절률은 얼마인가?

(b) 또한, 매질 1에서의 파동의 속도가 10m/s라면 매질 2에서의 파동 속도는 얼마인가?

풀이 (a) 식 (13.3)으로부터 $n_{12} = \dfrac{\sin 60^\circ}{\sin 30^\circ} = \sqrt{3}$

(b) 마찬가지로 $n_{12} = \dfrac{v_1}{v_2} = \dfrac{10}{v_2} = \sqrt{3}$ 이므로 매질 2에서의 속도 v_2는 5.77m/s이다. ■

13.4 파동의 간섭

간섭 현상은 수면파, 음파, 광파 등 파동만이 가지고 있는 특별한 성질 중의 하나로서 진동수가 같은 둘 이상의 파동이 만나 파동이 강해지거나 약해지는 것을 말한다. 이때 그림 13.6과 같이 마루와 마루, 골과 골이 만나 진폭이 더 커지는 간섭을 보강 간섭, 마루와 골이 만나 진폭이 더 작아지는 간섭을 소멸 간섭 또는 상쇄 간섭이라 한다.

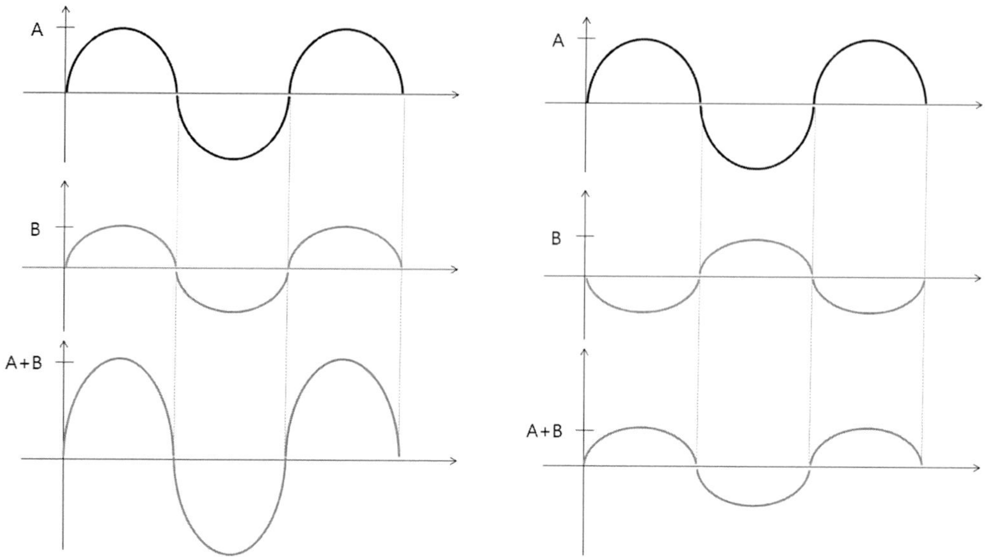

(a) 보강 간섭 : 두 위상이 같은 경우 (b) 상쇄 간섭 : 두 위상이 반대인 경우

그림 13.6 파동의 간섭 : 보강간섭과 상쇄간섭

파동의 간섭 현상은 수면파에서 가장 잘 볼 수 있다. 그림 13.7은 두 파원 S_1, S_2에서 진폭과 파장, 위상이 동일한 두 수면파가 퍼져나가 한 점에서 만나 서로 간섭을 일으키는 모습을 나타낸 것이다. 이때 파장과 진폭이 일정하다면 간섭이 잘 일어나 뚜렷한 간섭무늬를 관찰할 수 있다. 그림 13.7(b)에서 흰색 점선으로 나타난 부분은 골이고 실선 부분은 마루라 가정한다. 이때 • 표시는 두 파동의 마루와 마루 또는 골과 골이 만나는 곳으로서 보강 간섭되어 진폭이 크다. 반면, ◦ 표시가 된 부분은 마루와 골이 만난 곳으로서 소멸 간섭되어 진동하지 않게 된다.

점 P는 보강 간섭을 일으키는 곳으로서 두 파원으로부터 발생되는 파동의 경로차가 같거나 0, λ, 2λ, ⋯ 가 될 때이다(마루와 마루, 골과 골이 만날 때를 생각해 보라). 따라서 보강 간섭을 일으키는 조건은 다음과 같다.

$$\Delta = |S_1P - S_2P| = m\lambda \quad (m = 1, 2, 3, \cdots) \tag{13.7}$$

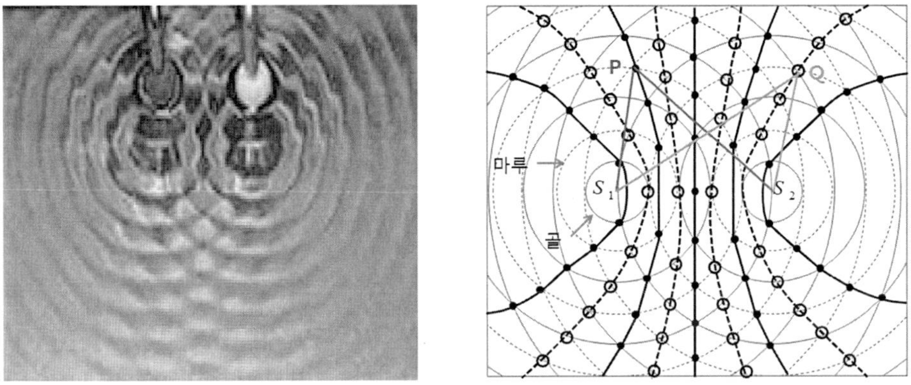

그림 13.7 수면파의 간섭무늬

마찬가지로 점 Q는 상쇄 간섭을 일으키는 곳으로서 두 파동의 경로차가 $\frac{\lambda}{2}$, $\frac{3\lambda}{2}$, $\frac{5\lambda}{2}$, ⋯가 될 때이다(마루와 골이 만날 때를 생각해 보라). 따라서 상쇄 간섭을 일으키는 조건은 다음과 같다.

$$\Delta = |S_1P - S_2P| = \frac{m\lambda}{2}, \ m = 1, 3, 5, \cdots \tag{13.7}$$

흔히 기름막 위에 무지개 무늬가 나타나는 현상을 볼 수 있는데 이는 기름 막 표면에서 반사된 빛과 기름 막 아래 면에서 반사된 빛이 중첩되기 때문이다. 또한, 현악기는 양쪽 끝이 고정된 줄을 튕겼을 때 파동이 연속적으로 중첩되어 간섭을 일으키는 것을 이용한 것이다.

13.5 파동의 정상파

줄의 한 끝을 벽에 고정시키고 다른 한 끝을 위 아래로 흔들면 벽으로 입사되는 파동과 반사되는 파동이 만나 정상파를 만들게 된다. 정상파란 그림 13.8과 같이 입사파와 반사파의 파장과 진폭이 같을 때 파동이 진행하지 않고 마치 공간에 머무르고 있는 듯한 형태를 보이는 것을 말한다.

그림 13.9와 같이 정상파에서 진폭이 가장 큰 부분을 배, 진폭이 0인 부분, 즉 진동이 없는 부분은 마디라 한다. 따라서 줄의 마디 부분에 손가락을 갖다 대면 줄

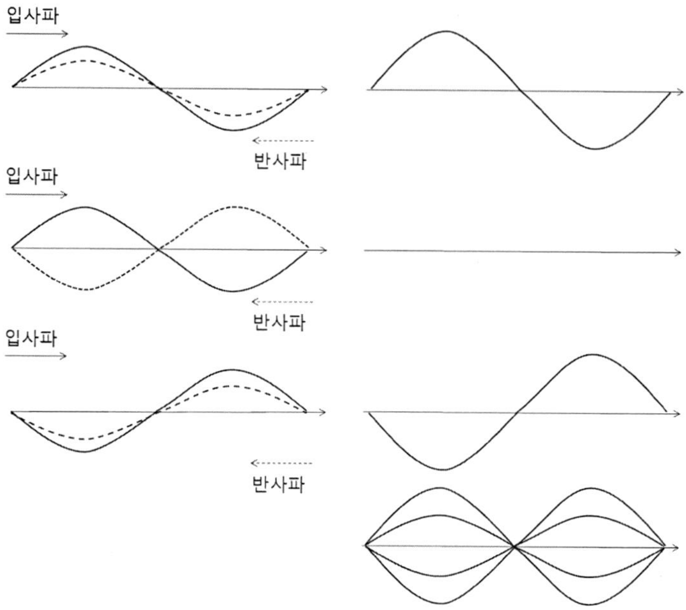

그림 13.8 줄의 정상파

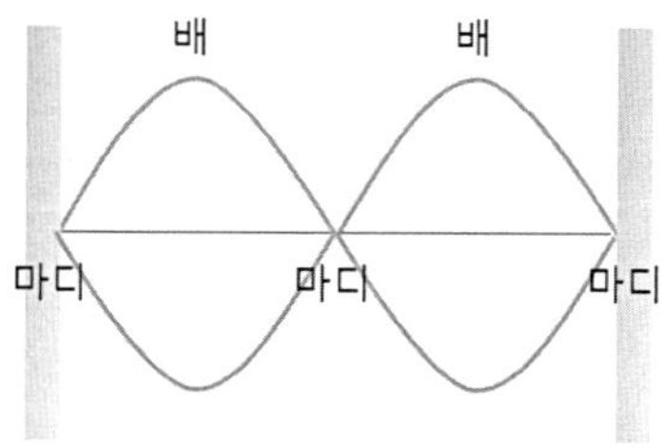

그림 13.9 정상파의 마디와 배

의 진동을 느끼지 못하지만 다른 부분에 손을 대면 줄의 진동을 곧 느끼게 된다.

인접한 마디와 마디, 배와 배 사이의 거리는 반파장이다.

기타나 바이올린, 피아노 등은 양쪽을 고정시킨 줄을 진동시킴으로써 줄에서 생기는 정상파를 이용하여 소리를 만들어 낸다. 줄의 양끝은 그림 13.10과 같이 고정단이므로 양끝에서는 진동하지 않는 마디가 생기게 된다.

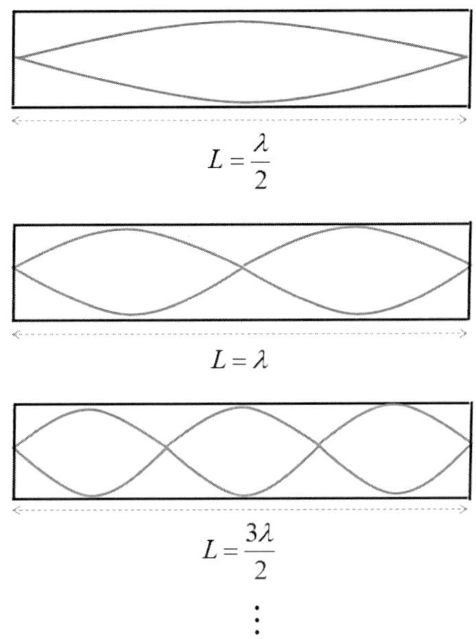

그림 13.10 양쪽 끝이 모두 막힌 줄(관)에서의 정상파

이러한 경우 줄의 길이는 정상파의 반파장의 정수배와 같다.

$$L = \frac{n\lambda}{2},\ n = 1, 2, 3, \cdots \tag{13.8}$$

여기서 L은 줄의 길이, λ는 정상파의 파장, n은 정수이다.

따라서 이때 정상파의 속력이 v이면 공명 주파수는 식 (13.2)로부터 다음과 같다.

$$f = \frac{nv}{2L}, n = 1, 2, 3, \cdots \tag{13.9}$$

공명 주파수는 n에 따라 여러 개가 있으며, $n = 1$일 때 기본 공명 주파수, $n = 2, 3, \cdots$일 때를 각각 1배, 2배 공명 주파수라 한다.

반면, 섹스폰, 트렘펫과 같은 관악기 등은 공기 기둥을 진동시켜 공기 기둥에서 생기는 정상파를 이용한다. 즉, 관악기의 경우 관에 뚫린 구멍을 열고 닫아 공기 기둥이 진동하는 길이를 조절하고, 이로부터 음의 높이를 조절하게 된다.

그림 13.11은 양쪽이 모두 열린 관과 한쪽만 열린 관 속에서 공기 기둥에서 생길 수 있는 정상파를 보인 것이다.

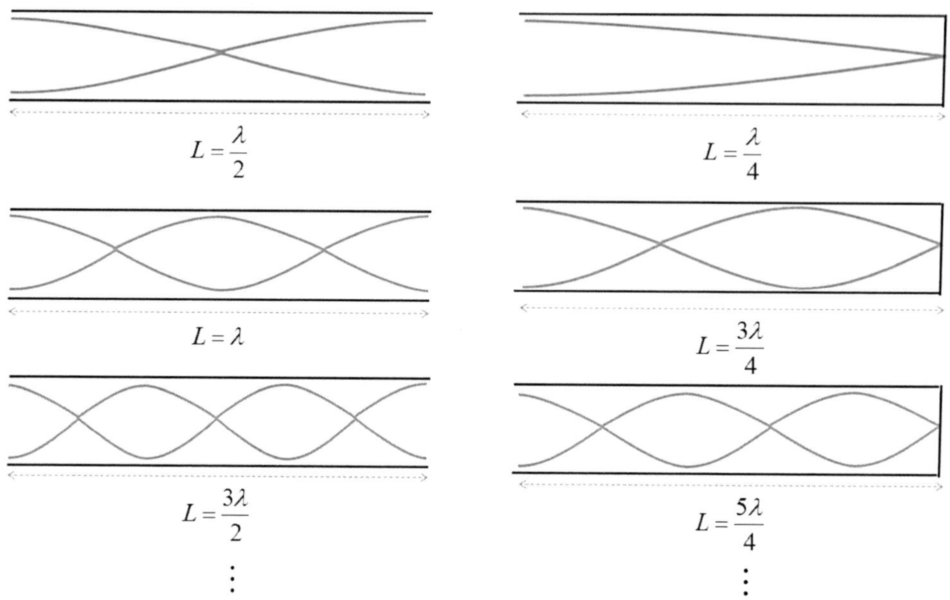

(a) 양쪽 끝이 모두 열린 관　　　(b) 한쪽 끝만 막힌 관

그림 13.11 양쪽 끝이 모두 열리거나 한쪽 끝만 막힌 줄(관)에서의 정상파

관이 모두 열린 쪽은 자유단으로 배가 생기게 되고, 닫힌 쪽은 고정단으로 마디가 생기게 된다. 따라서 한 쪽만 열린 관의 경우 줄의 길이는 파장의 정수배에 1/4을 곱한 것과 같다.

$$L = \frac{n\lambda}{4},\ n = 1, 3, 5, \cdots \tag{13.10}$$

따라서 정상파의 공명 주파수는 다음과 같다.

$$f = \frac{nv}{4L}, n = 1, 3, 5, \cdots \tag{13.11}$$

여기서 $n = 1$일 때, 기본 공명 주파수, $n = 3, 5, \cdots$일 때를 각각 1배, 2배 공명 주파수라 한다.

또한, 양쪽이 열린 관은 양쪽이 모두 닫힌 경우와 같이 반파장의 정수배와 같다.

$$L = \frac{n\lambda}{2},\ n = 1, 2, 3, \cdots \tag{13.12}$$

$$f=\frac{nv}{2L},\ n=1,2,3,\cdots \tag{13.13}$$

식 (13.9)와 식 (13.13)으로부터 알 수 있듯이 줄이나 관의 길이가 길어지면 음파의 파장이 길어지므로 진동수는 작아진다. 즉, 줄이 길어지거나 관이 길어지면 낮은 음이 발생하게 되고 반대로 줄이 짧아지거나 관이 짧아지면 진동수가 커지므로 높은 음이 발생한다.

예제 13.3 50cm의 나일론 끈이 양 끝에 묶여 있다. 줄에서 파동의 속력이 1,000m/s일 때 기본 진동수 및 1배 공명 주파수를 구하라.

풀이 끈의 양 끝이 묶여 있으므로

$$L=\frac{n\lambda}{2}$$

이고, 공명 주파수는

$$f=\frac{nv}{2L},\ n=1,2,3,\cdots$$

이다.

따라서 기본 공명 주파수는

$$f=\frac{1\cdot(1{,}000)}{2\cdot(0.5)}=1{,}000[\mathrm{Hz}]$$

이고, 1배 공명 주파수는

$$f=\frac{2\cdot(1{,}000)}{2\cdot(0.5)}=2{,}000[\mathrm{Hz}]$$

이다. ■

13.6 파동의 회절

파동이 진행 도중 중간에 장애물을 만나면 주위를 돌아 전달되고, 틈이 생긴 경우에는 그 틈을 뚫고 넓게 퍼져 전달된다. 이와 같이 원래와 다른 방향으로 파동이 진행해 가는 것을 회절 현상이라 한다. 문을 닫아도 옆방의 소리를 들을 수 있는 것도 회절 현상 때문이라 할 수 있다.

같은 파동이 진행하더라도 틈이 좁을수록 회절이 잘 일어난다. 틈이 좁을수록 파장이 길게 느껴지기 때문이다. 파장은 길수록 회절이 잘 되고, 파장이 짧을수록 직진하려는 경향이 강하다. 따라서 파동의 파장이 길거나 틈이 좁을수록 회절은 잘 된다.

회절에 관한 더 자세한 내용은 다음 장에서 설명하도록 한다.

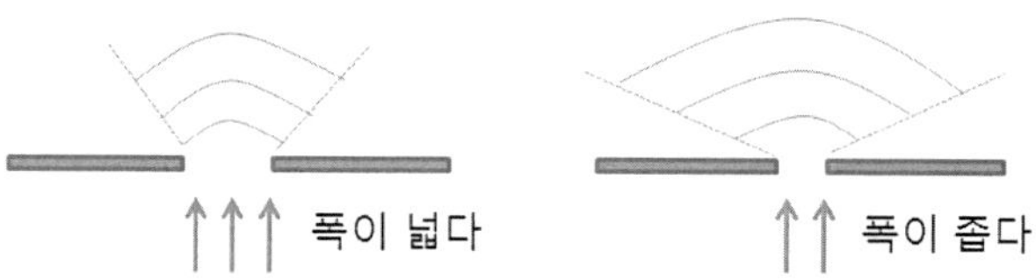

(a) 슬릿의 폭에 따른 회절 정도

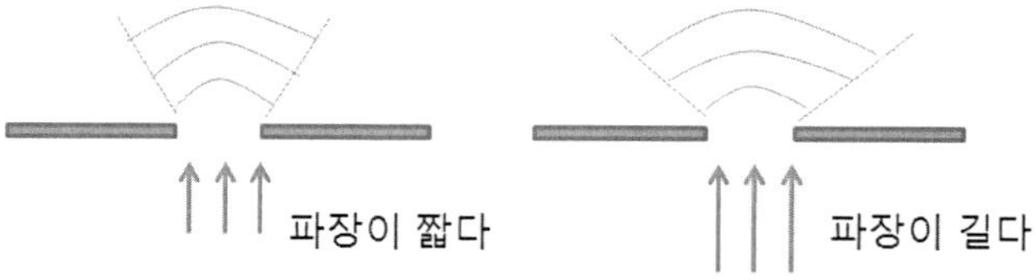

(b) 파장에 따른 회절 정도

그림 13.12 파동의 회절

연습문제

1. 수심이 깊은 곳에서 얕은 곳으로 수면파가 이동하고 있다. 깊은 곳에서의 파장은 1m이고, 얕은 곳에서의 파장은 0.75m였다. 수면파가 깊은 곳에서 얕은 곳으로 갈 때의 상대 굴절률은 얼마인가?

2. 해안으로 다가오는 수면파가 1.7m/s의 속도를 갖고 그 파장이 2m라고 하자. 이 수면파의 주파수는 얼마인가?

3. 어떤 사람이 440Hz의 표준 A음을 낸다면 이 음파의 파장은 얼마인가?

4. 기타의 줄이 진동할 수 있는 길이가 0.712m이고 기본 진동수가 330Hz이면 파동의 속력은 얼마인가?

5. 한쪽 끝이 막힌 관에서 2배 공명 주파수가 512Hz이다. 이 관의 길이는 얼마인가?

6. 양쪽 끝이 열려 있는 40cm의 관에서 기본 진동수와 처음 세 배음의 공명 주파수를 구하라.

7. 길이가 0.9m인 줄의 양 끝이 고정되어 있다. (a) 이 줄에서 간섭에 의해 정상파를 형성할 수 있는 파동 중 가장 긴 파장을 갖는 것은 무엇인가? (b) 파동이 120m/s로 줄 위를 진행한다면 가장 긴 파장에 해당하는 주파수는 얼마인가?

제 14 장

빛의 현상

1. 빛의 간섭
2. 빛의 회절

14.1 빛의 간섭

빛은 입자성과 파동성의 이중성을 지니고 있다. 빛의 편광, 간섭, 회절 등은 파동성, 광전효과, 빛에 의한 원자의 가속 또는 냉각 등은 입자성으로 설명될 수 있다. 이 절에서는 빛의 간섭과 회절에 대해서만 설명하고자 한다.

간섭은 파동의 일반적인 성질이나 빛의 간섭은 다른 파동과는 달리 스크린 상에서 간섭의 결과를 관측할 수 있다. 1807년 영국의 물리학자 영(Thomas Young)은 이중 슬릿 실험을 통해 빛의 간섭 현상을 관찰함으로써 파동 이론을 확립하고 빛의 파장을 측정하는 방법을 제시하였다.

그림 14.1은 영의 이중 슬릿 실험의 개략도를 보인 것이다.

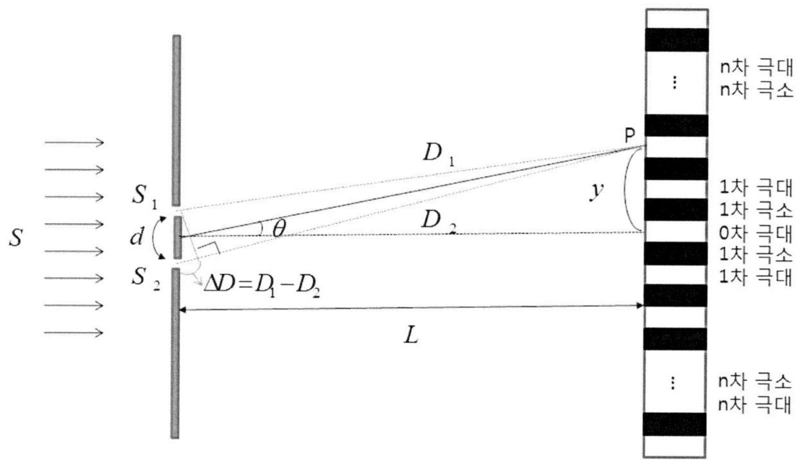

그림 14.1 영의 이중 슬릿 실험

영은 광원 S로부터 빛을 서로 인접한 두 슬릿 S_1, S_2에 입사시켜 스크린 상에 나타나는 수많은 밝은 무늬들을 관찰하고, 이러한 결과를 파동의 간섭 현상으로 설명할 수 있었다. 그렇다면 스크린 상에서 어떻게 간섭무늬가 만들어지는지 살펴보자.

파장이 λ인 광원이 d만큼 떨어진 두 개의 슬릿에 입사되면, 슬릿을 통과한 후 빛은 모든 방향으로 퍼져 나간다. 파동이 스크린의 중심에 도달한 경우 두 슬릿을 통과한 파동은 같은 거리를 진행하였으므로 두 파동의 위상은 같다. 따라서 스크린의 중심부에는 보강 간섭이 일어나 밝은 무늬가 나타난다. 이러한 보강 간섭은 두 파동의 진행 거리의 차가 한 파장만큼 차이가 생길 때에도 나타난다. 그러나 두 파동의 진행 거리의 차가 반파장이 되는 경우는 두 파동의 위상이 반대가 되어 소멸 간섭을 일으키게 되고 스크린 위에는 어두운 무늬가 나타나게 된다. 따라서 스크린 상에는 밝고 어두운 무늬가 번갈아 가면서 나타나게 된다.

만일 슬릿 사이의 간격 d가 스크린까지의 거리 L에 비해 매우 작다면 두 파동은 거의 거의 평행으로 볼 수 있으며, θ는 이들이 수평과 이루는 각이다. 직각 삼각형에서 두 파동이 진행한 경로의 차 ΔD는 $d\sin\theta$가 된다. 따라서 스크린에 보강 간섭이 일어나는 조건은 ΔD가 파장의 정수배가 되었을 때이다.

$$\Delta D = D_1 - D_2 = d\sin\theta = m\lambda,\ m = 0,1,2,3,\cdots \tag{14.1}$$

여기서 D_1, D_2는 각 파원 S_1, S_2에서 점 P까지의 파동의 경로 길이이다. 또한, m을 간섭무늬의 차수라고 한다. 예를 들어, $m=0$은 스크린 중심에 나타나는 0차 극대, $m=1$은 0차 극대 다음으로 나타나는 밝게 나타나는 1차 극대를 의미한다.

반면, 스크린에 소멸 간섭이 발생할 조건은 ΔD가 반 파장의 홀수배가 될 때이다.

$$\Delta D = \left(m + \frac{1}{2}\right)\lambda,\ m = 0,1,2,3,\cdots \tag{14.2}$$

여기서 주의할 점은 $m=0$일 때를 1차 극소, $m=1$일 때 2차 극소라 한다.

만일 스크린 중심에서 P까지의 거리 x가 L보다 작다면 $\theta \approx 0$이므로 $\sin\theta \approx \theta$와 같다. 따라서 $\tan\theta \approx \sin\theta = \frac{x}{L}$이 된다.

이를 식 (14.1)에 대입하면 다음과 같이 P점에서 밝은 무늬가 나타나기 위한 또 다른 조건식을 얻을 수 있으며

$$d\sin\theta = d\frac{x}{L} = m\lambda \tag{14.3}$$

이를 정리하여 빛의 파장을 계산할 수 있다.

$$\lambda = \frac{d}{m} \cdot \frac{x}{L} \tag{14.4}$$

예제 14.1 어느 빛이 간격이 0.05mm인 한 쌍의 좁은 슬릿을 통과하여 슬릿으로 부터 2m 떨어진 스크린에 도달하였다. 스크린에 생긴 간섭무늬에서 극대 사이의 거리가 15mm라면 이 빛의 파장은 얼마인가?

풀이 주어진 문제로부터 $d = 0.05\,\mathrm{mm}$, $L = 2\,\mathrm{m}$, $\Delta x = 15\,\mathrm{mm}$, $\Delta m = 1$이므로 식 (14.4)로부터 빛의 파장은

$$\lambda = \frac{0.05 \times 10^{-3}}{1} \cdot \frac{15 \times 10^{-3}}{2} = 375\,\mathrm{nm}$$

이다. ■

14.2 빛의 회절

14.2.1 단일 슬릿에 의한 회절

빛의 성질 중에서 빛이 파동임을 알려주는 것으로 간섭과 함께 회절이 있다. 11장에서 설명하였듯이 좁은 틈이나 날카로운 가장자리 둘레에서 빛이 휘거나 퍼져 나가는 현상을 회절이라 한다.

그림 14.2는 단일 슬릿을 통과한 빛이 스크린에 만드는 회절 무늬를 보인 것이다.

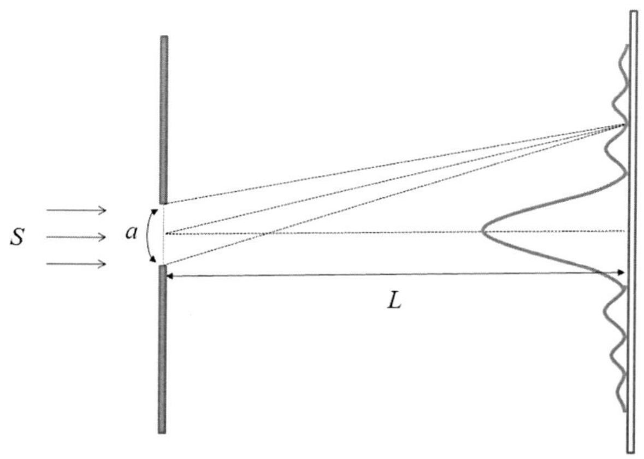

그림 14.2 단일 슬릿에 의한 회절

단일 슬릿 회절에서는 슬릿을 통과하는 인접한 빛들이 스크린에서 간섭을 일으켜 회절 무늬가 만들어지게 된다. 그러나 간섭무늬와의 차이점은 그림 14.2에서 보이듯이 회절 무늬에서는 가운데에 생긴 밝은 무늬에 세기의 대부분이 집중되어 있다는 점이다.

이제 회절 무늬를 계산하기 위해 그림 14.3을 살펴보자. 스크린까지의 거리가 D이고 슬릿 폭을 a라 할 때, $D \gg a$이면 슬릿을 통과한 빛은 평면파로 취급할 수 있으며 슬릿 사이에 존재하는 무수히 많은 점에서 나오는 광선들은 평행하다고 볼 수 있다.

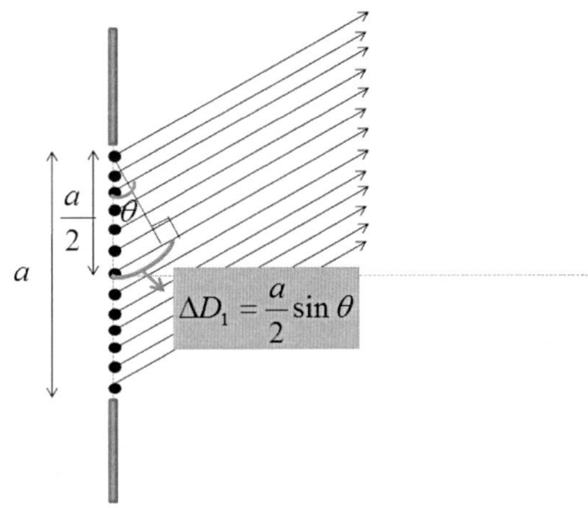

그림 14.3 단일 슬릿에 의한 회절

이제 광선의 방향이 수평선과 θ의 각도를 이룰 때 맨 위의 광선과 슬릿 크기 a의 절반인 $\frac{a}{2}$가 되는 점으로부터 나오는 광선이 더해진다고 하자. 이때 두 광선의 경로차 δ_1는 $\frac{a}{2}\sin\theta$가 되며, 첫 번째 상쇄 간섭이 일어나는 조건은 경로차가 반파장과 같을 때이므로 다음과 같다.

$$\delta_1 = \frac{a}{2}\sin\theta = \frac{\lambda}{2} \tag{14.5}$$

방금 살펴본 두 광원 아래에 위치한 두 광원 사이의 간격 또한 $\frac{a}{2}$이므로 동일한 θ에서 첫 번째 상쇄 간섭이 일어난다. 따라서 스크린에서는 θ에 해당하는 위치에서 어두운 무늬를 보이게 된다.

마찬가지로 두 광원 사이의 간격이 $\frac{a}{4}$인 경우 두 광원에서 나오는 광선 사이의 경로차는 $\delta_2 = \frac{a}{4}\sin\theta$와 같고 첫 번째 상쇄 간섭이 일어날 조건은 다음과 같다.

$$\delta_2 = \frac{a}{4}\sin\theta = \frac{\lambda}{2} \tag{14.6}$$

따라서 식 (14.5)와 (14.6)을 일반화하면 회절 무늬의 어두운 부분을 만드는 각 θ는 다음을 만족한다.

$$a\sin\theta = m\lambda \quad \text{여기서 } m = \pm 1, \pm 2, \pm 3, \cdots \tag{14.7}$$

예제 14.2 0.05mm의 폭을 가진 단일 슬릿에 파장이 0.5μm인 빛을 비출 때 첫 번째 어두운 무늬가 나타나는 위치의 각 θ을 구하라.

풀이 $\sin\theta$에 대한 근사식을 사용하여 단일 슬릿에서 어두운 무늬가 나타날 조건을 바꾸어 표현하면

$$\theta = \frac{m\lambda}{a}$$

와 같다. 따라서 첫 번째 어두운 무늬가 나타나기 위한 각도는 $m=1$일 때이므로

$$\theta = \frac{1 \cdot (0.5 \times 10^{-6})}{(0.05 \times 10^{-3})} = 0.01\,\text{rad}$$

이다. ■

14.2.2 이중 슬릿에 의한 회절

이중 슬릿에 의한 회절 무늬는 그림 14.4와 같이 영의 이중 슬릿에 의한 빛의 간섭 무늬(그림 14.4(a))와 단일 슬릿에 의한 회절 무늬(그림 14.4(b))를 곱한 것과 같다(그림 14.4(c)).

지금까지는 슬릿의 폭이 어떤 영향을 미치는가에 대해서는 고려하지 않았다. 그러나 슬릿 폭은 이중 슬릿 무늬를 결정하고 빛이 각 단일 슬릿에 의해 회절되는

영역 내에서 간섭무늬를 발견할 수 있다. 무늬의 퍼짐은 슬릿 간격과 슬릿 폭에 반비례하므로 단일 슬릿 무늬의 두 처음 극대는 이중 슬릿 극소보다 더 멀리 퍼진다.

앞 절에서 설명하였듯이 단일 슬릿으로부터 빛의 회절에 의해 스크린 상에 처음으로 어두운 무늬가 나타날 조건을 다시 쓰면 다음과 같다.

$$\sin\theta = \frac{\lambda}{b}$$

또한, 영의 이중 슬릿 실험에서 처음으로 밝은 무늬가 나타날 조건은 다음과 같다(식 14.1).

$$\sin\theta' = \frac{\lambda}{d}$$

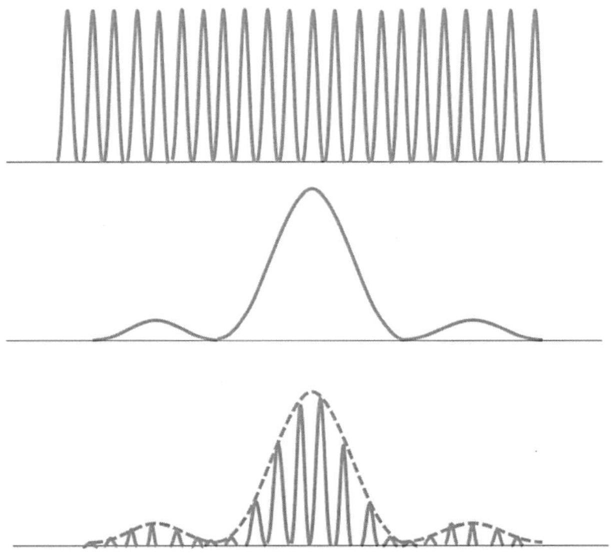

그림 14.4 이중 슬릿에 의한 회절 무늬

여기서 b는 단일 슬릿의 폭, d는 두 슬릿의 거리, λ는 빛의 파장을 의미한다.

따라서 슬릿 간격 d가 슬릿 폭 b보다 3~4배 정도 떨어져 있을 때 넓게 퍼진 회절 무늬가 만들어진다.

예제 14.3 폭이 0.5mm인 이중 슬릿에 의해 간섭무늬가 생긴다. 이중 슬릿 무늬의 여섯 번째 밝은 무늬가 단일 슬릿 무늬의 첫 번째 어두운 무늬의 위치에서 일어난다고 할 때 이중 슬릿의 간격은 얼마인가?

풀이 단일 슬릿 회절 무늬에서 처음으로 어두운 무늬가 나타날 조건은

$$\sin\theta = \frac{\lambda}{b}$$

이고, 이중 슬릿 간섭무늬에서 여섯 번째 밝은 무늬가 나타날 조건은

$$\sin\theta' = \frac{6\lambda}{d}$$

이다. 이들이 같은 위치에서 발생하려면

$$\theta = \theta', \text{ 즉 } \frac{\lambda}{b} = \frac{6\lambda}{d}$$

이어야 한다. 따라서 이중 슬릿의 간격은

$$d = 6b = 6(0.5 \times 10^{-3}) = 3\text{mm}$$

이다. ■

연습문제

1. 두 개의 슬릿이 0.2mm 떨어져 있다. 이 슬릿의 중앙에서 1m 떨어져 스크린이 있다. 슬릿 면에 수직으로 입사된 평면파의 세 번째($m=3$) 보강 간섭 무늬가 중앙 무늬 중심에서 7.5mm 거리에 생겼다. 이때 입사한 빛의 파장을 구하라.

2. 영의 실험에서 슬릿 사이의 간격이 d, 슬릿으로부터 스크린까지의 거리가 D, 빛의 파장이 λ일 때 스크린에 나타나는 단위 길이당 밝은 무늬의 수는 몇 개인가?

3. 폭이 0.1mm인 단일 슬릿에 파장이 600nm인 단색광을 비추었다. 슬릿으로부터 50cm 떨어진 스크린에 생긴 회절 무늬를 관찰할 때 중앙의 밝은 무늬로부터 세 번째 밝은 무늬까지의 거리는 얼마인가?

4. 좁은 단일 슬롯에 파장이 632nm인 빛을 쪼인다. 슬릿으로부터 1.6m 떨어진 스크린에는 전형적인 단일 슬릿 무늬가 생긴다. 처음 두 극소 사이의 간격이 4.0mm이면 슬릿의 폭은 얼마인가?

5. 단일 슬릿 무늬가 폭이 0.05mm인 좁은 슬릿을 통과하는 빛에 의해 형성된다. 슬릿으로부터 2m 떨어진 스크린에서 중앙 극대의 폭이 3.5cm라면 빛의 파장은 얼마인가?

제 15 장

열현상과 기체 분자의 운동

1. 온도와 열
2. 열용량과 비열
3. 열의 이동
4. 열팽창
5. 기체 분자의 운동
6. 기체 분자의 운동과 압력

15.1 온도와 열

15.1.1 온도

온도란 물체의 덥고 찬 정도를 뜻한다. 우리는 몸이 아프고 열이 날 때 체온계로 몸의 온도를 잰다. 그리고 기온을 재거나 물의 온도를 잴 때도 온도계를 사용한다. 이러한 온도계는 갈릴레이에 의해 온도에 따라 공기의 부피가 늘어나고 줄어드는 원리를 이용하여 만들어졌다.

일상생활에서 온도를 재는 단위에는 섭씨 온도와 화씨 온도가 있다. 섭씨 온도는 그림 15.1과 같이 얼음이 녹는 온도를 0°C로 정하고 물이 끓는 온도를 100°C로 정해 놓고 그 사이를 100등분하여 한 구간을 1°C로 정한 온도이다. 섭씨 온도는 우리나라를 비롯한 대부분의 국가에서 사용하는 국제 표준 온도이며, 우리가 흔히 보는 온도계는 모두 섭씨 온도계이다.

반면, 화씨 온도는 미국에서 주로 사용하는데 에프(F)로 표시한다. 얼음이 녹는 온도를 32°F로 정하고 물이 끓는 온도를 212°F로 정해 놓았다.

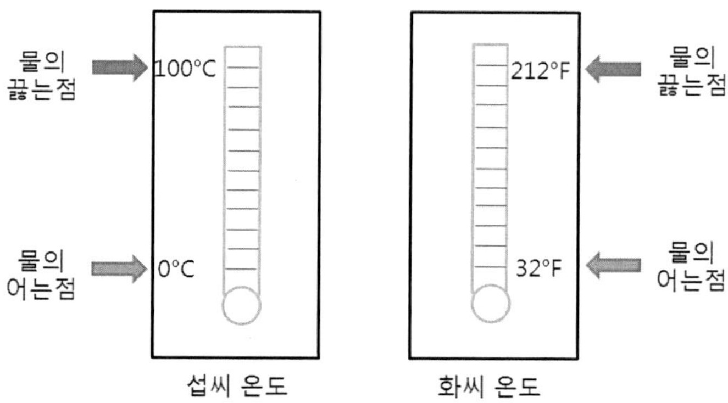

그림 15.1 섭씨 온도와 화씨 온도

그림에서 보는 바와 같이 섭씨에서는 물의 어는점과 끓는점이 100°C로 나누어져 있지만, 화씨에서는 전구간이 180°F(212−32)로 나누어져 있다. 따라서 화씨는 섭씨의 온도 차이의 180/100, 즉 $\frac{9}{5}$이다. 반대로 화씨 온도 차이는 섭씨 온도 차이의 $\frac{5}{9}$가 된다. 이때 화씨 온도에서 32를 빼면 물의 어는점보다 얼마나 높은지 화씨로 계산할 수 있다. 따라서 화씨 온도 T_F를 섭씨 온도 T_C로 변환하기 위해서는 다음의 식을 사용할 수 있다.

$$T_C = \frac{5}{9}(T_F - 32) \qquad (15.1)$$

역으로 섭씨 온도를 화씨 온도로 변환하려면 식 (15.1)로부터 다음과 같다.

$$T_F = \frac{5}{9}(T_C - 32) \qquad (15.2)$$

모든 물체는 분자들로 이루어져 있으며 온도가 낮을수록 분자의 운동은 느리게 된다. 이때 계속해서 온도를 낮추어 분자의 운동을 완전 정지시킨 상태를 절대 0도라 하며 이론적으로 −273°C이다. 따라서 어떠한 물질도 −273°C 이하로는 내려갈 수 없다. 이것이 바로 차가움의 한계인 셈이다.

과학이나 공학에서는 절대 0도를 기준점으로 잡는 편하기 때문에 섭씨가 아닌 절대 온도를 사용한다. 따라서 섭씨 0도는 캘빈 273°에 해당한다. 즉, 절대 온도는 섭씨 온도에 273°를 더한 것이 된다. 그러므로 섭씨 온도 T_C와 절대 온도 T 사이에는 다음의 관계가 성립된다.

$$T = 273 + T_C \qquad (15.3)$$

절대 온도 T의 단위는 K(캘빈)이다.

15.1.2 열

뜨거운 온탕에 오래 있으면 더워서 땀이 나고, 차가운 냉탕에 오래 들어가 있으면 추워서 몸이 오들오들 떨린다. 그렇다면 더위나 추위는 어떻게 느끼게 되는 걸까?

그것은 바로 열이 흐르기 때문이다. 온탕은 우리 몸보다 온도가 높기 때문에 몸은 온탕에서 열을 얻게 된다. 즉, 열은 온도가 높은 온탕에서 온도가 낮은 몸으로 흐른 것이다. 반면, 냉탕은 우리 몸보다 온도가 낮기 때문에 몸은 냉탕에서 열을 잃는다. 이는 열은 온도가 높은 몸에서 온도가 낮은 냉탕으로 흘러갔기 때문이다.

그림 15.2 열은 온도가 높은 쪽에서 낮은 쪽으로 흐른다

이와 같이 온도가 높은 물체에서 낮은 물체로 이동하는 에너지를 열이라고 하며, 이때 이동하는 열의 양을 열량이라 한다. 열량의 SI 단위는 J(줄)이며, 일상생활에서는 cal 또는 kcal를 주로 사용한다. 1kcal는 1kg의 물의 온도를 1K 높이는데 필요한 열량을 의미한다.

이렇게 온도가 다른 두 물체를 섞어 열의 이동이 끝나면 결국 두 물체의 온도가 같아지게 되는데 이러한 상태를 열평형이라 한다. 이때 높은 온도의 물체가 잃은 열량은 온도가 낮은 물체가 얻은 열량과 같으며, 이를 열량 보존의 법칙이라고 한다.

겨울철 손바닥을 세게 비비면 열이 발생하게 되고, 망치로 못을 박으면 못이 뜨거워지는 것을 알 수 있다. 이것은 망치로 못을 박을 때 열이 발생했기 때문이며 이때 발생한 열의 양은 망치가 못에 해 준 일의 양에 비례한다.

따라서 일의 양 W과 물체가 얻은 열량 Q 사이에는 다음과 같은 관계가 성립한다.

$$W = J \cdot Q \tag{15.4}$$

이때 J는 열량과 에너지 사이의 관계를 나타내는 비례 상수이며, 열의 일당량이라고도 한다. 현재 알려진 J의 값은 다음과 같다.

$$J = 4.2 \times 10^3 \text{ J/kcal}$$

15.2 열용량과 비열

15.2.1 열용량

뜨거운 커피를 마시기 좋은 온도로 조절하려면 찬 우유를 넣어 커피의 온도를 낮추면 된다. 그렇다면 마시기에 적당한 온도는 얼마일까? 그리고 뜨거운 커피와 찬 우유를 섞을 때 최종 온도는 어떻게 구할 수 있을까?

먼저 1kg의 물과 10kg의 물의 온도를 똑같이 1K 올리려면 어떤 쪽의 물에 더 많은 열량이 필요한지 생각해 보자. 당연히 1kg의 물보다 10kg의 물의 온도를 높이는데 더 많은 열량이 필요할 것이다.

이와 같이 물체를 가열하는데 필요한 열량을 비교하려면 같은 온도로 올리는데 필요한 열량이 얼마인지를 비교하는 것이 편리하다.

열용량이란 물체의 온도를 1K 만큼 높이는데 필요한 열량을 의미한다. 어떤 물체에 열량 Q를 가했을 때 온도가 Δt만큼 상승했다면 그 물체의 열용량 C는 다음과 같다.

$$C = \frac{Q}{\Delta t} \tag{15.5}$$

위의 예로부터 물체의 질량이 클수록 열용량이 커짐을 알 수 있다(1kg보다는 10kg의 열용량이 더 크다). 반대로 같은 질량의 물체라도 열용량이 크면 온도의 변화가 작으므로 가열 시간이 더욱 더 오래 걸리게 된다. 또한, 식 (15.5)로부터 열량이 같을지라도 온도 변화가 크다면 열용량은 작음을 알 수 있다. 열용량의 SI 단위는 J/K 또는 kcal/K이다.

15.2.2 비열

500g의 같은 양의 물과 콩기름의 온도를 1K씩 올리는데 필요한 열량은 어떻게 다를까? 이 경우 물은 콩기름보다 1K 올리기 위해 더 많은 열량이 필요함을 쉽게 짐작할 수 있다. 즉, 서로 다른 물질은 같은 질량일지라도 같은 온도만큼을 올리는데 필요한 열량이 다르다는 것을 의미한다. 이러한 원인은 바로 물질마다 비열이 다르기 때문이다.

비열이란 1kg의 온도를 1K 올리는데 필요한 열량을 말하며, 단위는 kcal/kg·K

이다. 물의 비열은 1kcal/kg·K이다. 즉, 1kg의 물을 1K 올리기 위해서는 1kcal가 필요함을 뜻한다.

비열은 각 물체에 대해 실험으로 결정되며, 표 15.1은 여러 가지 물질의 비열을 나타낸 것이다. 비열은 물질의 종류에 따라 다르므로 물질의 특성을 나타낸다.

일반적으로 액체의 비열이 금속의 비열보다 크고 특히 물의 비열은 다른 물질에 비해 훨씬 크다는 것을 알 수 있다. 그리고 물과 얼음의 비열이 다른 것처럼 같은 물질이라도 물질의 상태에 따라서 비열이 달라진다.

물질	비열(kcal/kg·K)
물	1.0
바닷물	0.949
에틸에탄올	0.58
얼음	0.49
알루미늄	0.211
철	0.104
구리	0.092
은	0.056
수은	0.033

표 15.1 물질의 비열

따라서 질량이 m이고, 비열이 c인 물질의 열용량은 다음과 같이 표현된다.

$$C = m \times c \tag{15.6}$$

또한, 식 (15.6)을 식 (15.5)에 대입하면 다음의 식이 얻어진다.

$$Q = C\Delta t = mc\Delta t \tag{15.7}$$

위의 식으로부터 같은 종류의 물질인 경우에 열용량은 질량에 비례하지만, 만일 물질의 종류가 다른 경우에는 비열이 다르므로 질량이 같더라도 열용량은 달라진다는 것을 알 수 있다.

그림 15.3과 같이 질량 m_1, 비열 c_1, 온도가 T_1인 물 A에 질량 m_2, 비열 c_2, 온도가 물 A보다는 낮은 T_2인 물 B를 섞을 때 온도 T에서 열평형을 이루었다면

열량 보존 법칙에 의해 다음의 관계식이 성립한다.

$$m_1c_1(T_1 - T) = m_2c_2(T - T_2) \tag{15.8}$$

이 식을 이용하면 물질의 비열 c를 구할 수 있다.

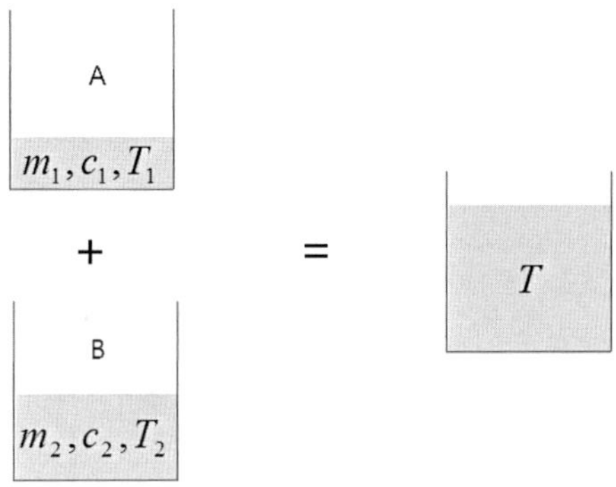

그림 15.3 열평형

예제 15.1 구리의 비열은 0.092kcal/kg·K이다. 0.5kg에 대한 열용량은 얼마인가? 물, 에탄올, 구리, 알루미늄 중에서 같은 질량에 대해 열용량이 가장 큰 것은 어느 것인가?

풀이 $C = m \times c$이므로 0.5kg의 구리의 열용량은

$$C = 0.5(0.092) = 0.046\,\text{kcal/K}$$

이다. 마찬가지 방법으로 물의 열용량은

$$C = 0.5(0.092) = 0.046\,\text{kcal/K},$$

에탄올은

$$C = 0.5(0.55) = 0.275\,\text{kcal/K}$$

알루미늄은

$$C = 0.5(0.211) = 0.1055\,\text{kcal/K}$$

이므로 에탄올의 열용량이 가장 큼을 알 수 있다. 이는 동일한 0.5kg의 질량을 1K 만큼 올리기 위해서는 더 많은 열량이 필요함을 의미한다. ■

예제 15.2 얼음의 비열은 0.5cal/g°C이다. 얼음을 녹는점까지 올리고자 할 때 처음 온도가 −10°C인 얼음 200g에 더해야 할 열의 양은 얼마인가?

풀이 주어진 문제로부터

$$m = 200\,\mathrm{g},\ c = 0.5\mathrm{cal/g \cdot {}^\circ C},\ T = -10\mathrm{{}^\circ C}$$

이므로

$$\Delta T = 0 - (-10\mathrm{{}^\circ C}) = 10\mathrm{{}^\circ C}$$

이다. 따라서

식 (15.7)로부터

$$Q = mc\Delta T = (200\mathrm{g})(0.5\mathrm{cal/g \cdot {}^\circ C})(10\mathrm{{}^\circ C}) = 1000\mathrm{cal}$$

이다. ■

15.3 열의 이동

앞 절에서 온도가 다른 두 물체가 만났을 때 온도가 높은 물체의 열이 온도가 낮은 물체 쪽으로 흐른다는 것에 대해 알아보았다. 그렇다면 열은 어떠한 방법으로 한 물체에서 또 다른 물체로 이동하게 되는 것일까? 다음과 같이 3가지의 열전달 방식에 대해 살펴보도록 하자.

15.3.1 전도

뜨거운 냄비에 수저를 담가 놓으면 수저의 손잡이도 뜨거워지는 것을 경험해 보았을 것이다. 이와 같이 쇠막대의 한쪽 끝을 뜨겁게 달구면 처음에는 달구는 쪽만 뜨거워진다. 그러나 점점 가운데까지 뜨거워지다가 나중에는 쇠막대 전체가 뜨거워지게 된다. 이는 열이 쇠막대를 따라 흐르기 때문이다.

그림 15.4 열의 전도 현상

이와 같이 열이 온도가 높은 곳에서 낮은 곳으로 흐르는 것을 전도(conduction)라고 한다. 우리가 뜨거운 물체나 차가운 물체를 만질 때에도 열은 전도의 방법으로 흐른다. 뜨거운 물체에서 우리의 몸으로, 우리의 몸에서 차가운 물체로 열이 흐르게 되는 것이다.

열전도율은 전도체 내에서 인접한 분자와 전자들 사이의 에너지 교환 과정과 밀접한 관계가 있다. 만일 금속 막대의 한쪽 끝을 가열하면 금속 내의 분자들의 운동이 활발해지고, 이로 인해 이웃한 분자들과 계속 충돌하면서 자신의 열을 전달하게 된다. 이때 그림 15.5와 같이 단면적이 A이고 길이가 L인 금속 막대의 양끝 온도가 각각 T_1, $T_2(T_1 > T_2)$일 때 전도에 의해 이동하는 열류량 H는 다음과 같다.

$$H = k\left(\frac{A}{L}\right)(T_1 - T_2) \tag{15.9}$$

여기서 k는 열전도율을 의미하는 비례상수로서, k가 큰 물질은 좋은 전도체이며 작은 물질은 좋은 단열재이다. 좋은 열전도체인 구리의 열전도율은 0.093kcal/s·m·°C, 좋은 단열재로 사용되는 목재의 열전도율은 0.00003kcal/s·m·°C이다. 열전도율의 단위는 kcal/m·s·°C 또는 J/m·s·K이다.

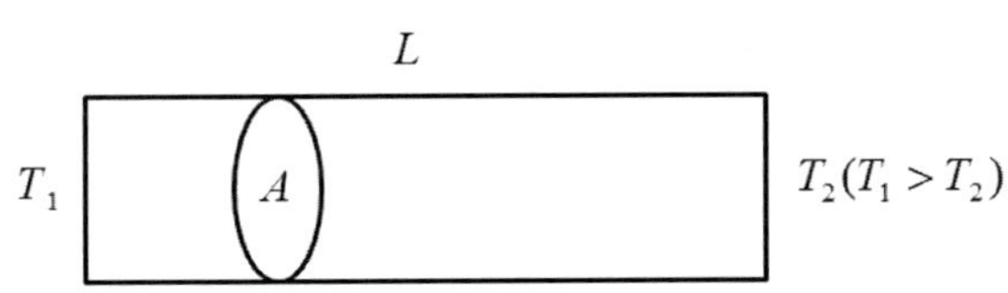

그림 15.5 물체 양단에 온도차가 있으면 열전도가 발생한다

위의 식으로부터 열이 전도될 때 물체의 단면적이 크고 길이가 짧을수록, 그리고 온도차가 클수록 전도되는 열류량이 많다는 것을 알 수 있다.

15.3.2 복사

열은 중간에 아무런 물질이 없어도 흐를 수 있다. 태양과 지구 사이의 우주 공간에는 물도 공기도 없지만 태양열은 날마다 지구에 전해진다. 그리고 난로를 쬐면 주변 공기가 뜨겁지 않은데도 뜨거운 열기를 느낄 수 있다. 이와 같이 중간에 아무 매질이 없는데도 열이 흐르는 것을 복사라고 하며, 복사에 의해 전달되는 열 에너지를 복사 에너지라고 한다.

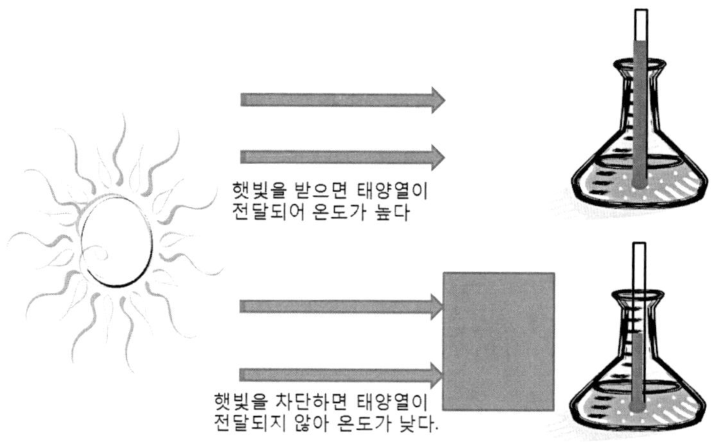

그림 15.6 열의 복사 현상

복사 에너지는 물질에 따라 흡수되고 반사되는 정도가 다르다. 우리는 흔히 여름에는 검정색보다는 흰색 계열의 옷을 많이 입고, 겨울철에는 검은색 계열의 어두운 옷을 많이 입게 된다. 이러한 이유는 흰색은 빛을 잘 반사하여 열을 덜 받고, 검정색은 빛을 잘 흡수하여 열을 많이 받을 수 있기 때문이다.

복사되는 모든 빛을 흡수할 수 있는 이상적인 물체를 흑체라고 하는데 흑체의 경우 표면의 단면적에서 단위 시간에 방출하는 복사 에너지 E는 절대 온도 T의 네제곱에 비례한다. 즉, 온도가 두 배이면 복사량은 16배가 되는 것이다. 이를 슈테판-볼츠만의 법칙이라 하며 다음과 같이 정의된다.

$$E = \sigma T^4 \tag{15.10}$$

이 식에서 σ는 슈테판-볼츠만 상수라고 하며, $5.6710^{-5} \mathrm{W/m^2K^4}$이다.

15.3.3 대류

물과 같은 액체나 공기 같은 기체는 열을 받아 뜨거워지면 위로 올라간다. 반대로 열을 빼앗겨 차가워지면 아래로 내려오게 된다. 이와 같이 액체나 기체가 온도에 따라 위아래로 이동하면서 열이 흐르는 것을 대류라고 한다.

그림 15.7과 같이 주전자에 물을 끓일 때 뜨거운 연기나 수증기가 위로 올라가는 것도 바로 대류의 성질 때문이다.

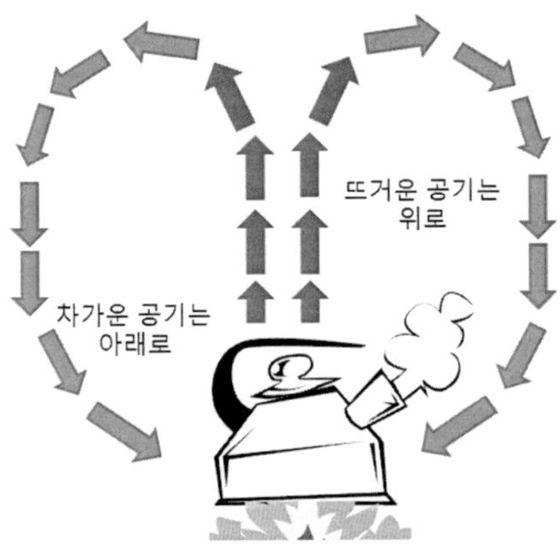

그림 15.7 열의 대류 현상

겨울철 집안을 데우는 방법 중의 하나도 대류이다. 차가운 공기보다 가벼운 따뜻한 공기가 방열기에서 천장을 향해 오르면서 따뜻한 공기는 방안에 에너지를 실어 나르는 공기의 흐름을 만든다. 더운 공기는 열원이 있는 쪽의 벽을 따라 올라가고 찬 공기는 반대쪽을 향해 내려온다.

15.4 열팽창

열은 정도의 차이는 있지만 물체의 부피나 길이를 바꿀 수 있다. 물체는 열을 얻어 뜨거워지면 늘어나고, 열을 잃어 차가워지면 줄어든다. 전봇대와 전봇대를 잇는 전기줄을 살펴보면 여름에는 축 처져 있다가 겨울에는 팽팽하다는 것을 알 수 있다.

이러한 이유는 열을 받은 물체의 분자 운동이 활발해지고 그 결과 분자 사이의 평균 간격이 넓어졌기 때문이다. 또한, 추운 겨울에는 열을 잃어 줄었기 때문이다.

철길도 여름에는 늘어나고 겨울에는 줄어든다. 그래서 철길 이음새를 조금 벌려 놓은 것이다. 열기구도 버너로 공기를 뜨겁게 해서 공기 주머니를 부풀게 하고 버너의 불을 꺼서 공기 주머니를 줄어들게 한다. 열기구는 이런 방법으로 올라갔다 내려갔다 할 수 있는 것이다.

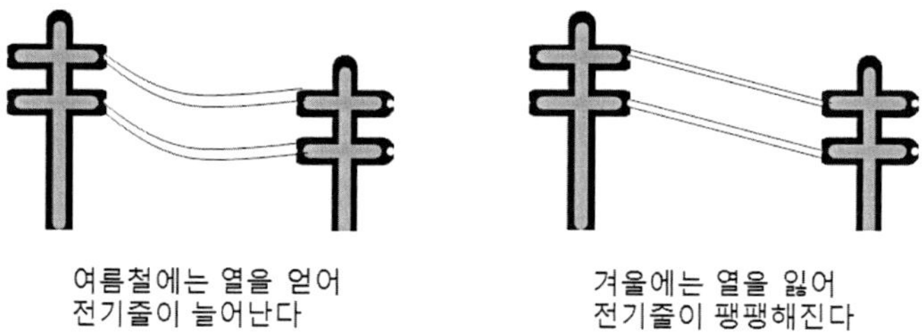

그림 15.8 열팽창

15.4.1 선팽창

앞서 설명한 바와 같이 물체가 열을 얻어 길이가 늘어나는 것을 선팽창이라 한다. 이제 열에 의한 선팽창을 수학적으로 설명해 보도록 한다.

그림 15.9와 같이 온도가 T_0일 때 길이가 L_0인 금속 막대를 가열하여 온도를 T'로 높였을 때 그 길이가 L'로 되었다고 하자.

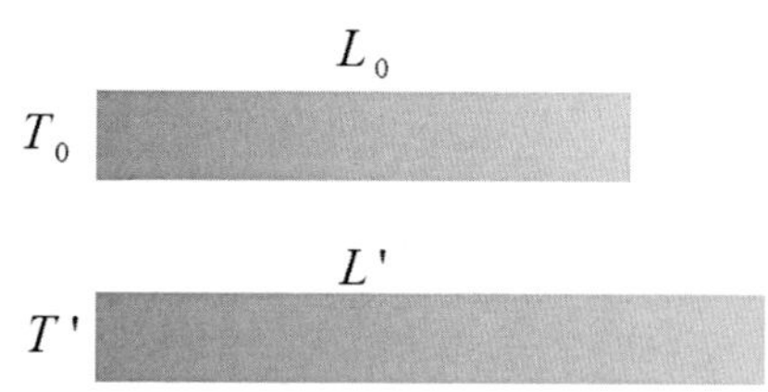

그림 15.9 온도 증가($T_0 \to T'$)에 따른 선팽창

이때 온도 변화 $\Delta T(=T'-T_0)$로 인해 늘어난 길이 $\Delta L(=L'-L_0)$은 다음과 같이 표현된다.

$$\Delta L = \alpha L_0 \Delta T \tag{15.11}$$

여기서 α는 선팽창 계수라고 하며, 단위는 온도의 역인 /K이다. 선팽창 계수는 온도가 1K 변할 때 단위 길이당 길이의 변화를 의미한다. 따라서 선팽창 계수가 크다는 것은 온도가 변할 때 길이가 심하게 변한다는 의미이므로 전자제품 등의 재료를 선택할 때 중요한 고려 사항이 되고 있다.

표 15.2는 여러 물질에 대한 열팽창 계수들을 보인 것이며, 온도에 따라 변한다.

물질	온도(°C)	선팽창 계수 $\alpha(\times 10^{-5}/\text{K})$
납	0~100	2.9
구리	0~100	1.7
아연	0~100	3
알루미늄	0~100	2.4
유리	0~100	9
니켈	40	1.3
철	40	1.2

표 15.2 여러 가지 물질의 선팽창 계수

이때 식 (13.11)로부터 늘어난 후의 전체 길이 L은 다음과 같이 구할 수 있다,

$$L = L_0 + \Delta L = L_0(1+\alpha\Delta T) \tag{15.12}$$

$$= L_0[1+\alpha(T-T_0)]$$

예제 15.3 10°C에서 길이가 100cm이던 금속 막대가 90°C에서 100.2cm가 되었다. 이 금속 막대의 선팽창 계수는 얼마인가?

풀이 식 (15.11)로부터 선팽창 계수는

$$\alpha = \frac{1}{L_0}\left(\frac{\Delta L}{\Delta T}\right)$$

이므로, 이 금속 막대의 선팽창 계수는

$$\alpha = \frac{1}{100\ \mathrm{cm}}\left(\frac{0.2\ \mathrm{cm}}{80^\circ\mathrm{C}}\right) = 2.5\times 10^{-5}/^\circ\mathrm{C}$$

임을 알 수 있다.

■

15.4.2 부피팽창

온도 변화에 따라 고체의 길이가 늘어나므로 면적과 부피 또한 팽창하게 된다. 부피팽창은 선팽창으로부터 직접 유도할 수 있다. 그림 15.10과 같이 온도 T_0에서 길이가 각각 L_1, L_2, L_3인 직육면체에 열을 가해 온도를 T'로 높였을 때 길이가 각각 L_1', L_2', L_3'가 되었다고 하자. 이때 늘어난 길이는 식 (15.12)로부터 다음과 같다.

$$L_1' = L_1(1+\alpha\Delta T),\ L_2' = L_2(1+\alpha\Delta T),\ L_3' = L_3(1+\alpha\Delta T) \tag{15.13}$$

직육면체가 팽창하기 전의 부피를 V_0라 하고 온도가 ΔT 만큼 변했을 때의 부피를 V'라고 하면, 팽창된 부피 V'는 다음과 같다.

$$V = L_1'L_2'L_3' = L_1L_2L_3(1+\alpha\Delta T)^3$$

$$\text{또는}\ \ V = V_0(1+3\alpha\Delta T+3\alpha^2\Delta T^2+\alpha^3\Delta T^3) \tag{15.14}$$

만일 ΔT가 매우 작다면, 즉 온도 변화가 크지 않다고 가정하면 2차항 이상은 무시할 수 있다. 따라서 식 (15.14)는 다음과 같이 요약될 수 있다.

$$V = V_0(1+3\alpha\Delta t) \tag{15.15}$$

여기서 $\beta = 3\alpha$라 하면 부피팽창은 다음과 같이 선팽창과 유사한 형태를 가지게 된다.

$$V = V_0(1+\beta\Delta t) \tag{15.16}$$

이때 β를 부피팽창 계수라 하며, 단위 또한 선팽창 계수의 단위와 동일한 /K이다. 또한, 부피팽창 계수는 선팽창 계수의 3배임을 알 수 있다.

또한, 온도 변화 ΔT에 의해 증가한 부피는 V에서 V_0를 뺀 값이므로 다음과 같이 나타낼 수 있다.

$$\Delta V = V - V_0 \equiv \beta V_0 \Delta t \tag{15.17}$$

이는 식 (15.11)의 선팽창 식과 유사한 형태를 가진다.

액체의 팽창 계수는 고체에 비해 매우 크고, 대부분의 액체는 온도가 증가하면 부피는 일정한 비율로 팽창한다. 그러나 물은 예외이다.

물은 4°C일 때 부피가 가장 작고 4°C 이상에서는 부피가 증가한다. 즉, 물의 팽창 계수는 4°C 근처에서 0에 가깝고 그 이하의 온도에서는 음의 값을 가진다. 또한, 4°C에서 가장 큰 밀도를 가지며, 얼 때에도 팽창하게 된다. 냉동실의 얼음들이 가운데 볼록하게 얼어 있는 것도 이러한 물의 특성 때문이다.

이러한 물의 특성은 호수의 동식물 생태에 매우 중요한 영향을 미친다. 호수의 물은 위에서 아래로 언다. 온도가 4°C 이상일 때는 위의 차가운 물이 밀도가 크므로 아래로 내려오지만 4°C 이하일 때는 표면의 물은 더 차가워도 아래의 물보다 밀도가 작기 때문에 표면의 차가운 물은 더 이상 아래로 내려오지 않고 위에 머무르게 된다. 따라서 물은 수면부터 얼기 시작하고 얼음도 물보다 밀도가 작으므로 물에 떠 있게 되는 것이다. 이러한 이유로 호수의 표면은 얼더라도 그 아래의 물은 얼지 않기 때문에 아주 추운 겨울이라도 물고기가 살아갈 수 있는 것이다.

또한, 추운 겨울에 수도관이 얼어 터지게 되는 것도 액체의 부피 팽창 계수가 고체보다 10배 정도 더 크기 때문이다.

15.5 기체 분자의 운동

15.5.1 기체의 압력과 부피

무거운 가방을 어깨에 짊어지면 어깨는 힘을 느끼게 된다. 이러한 이유는 앞에서도 배웠듯이 질량을 가진 모든 물체에는 지구의 중심으로 중력이 작용하고 있기 때문이다. 따라서 질량을 갖는 모든 물체는 지구 중심으로 무게라는 힘이 작용한다.

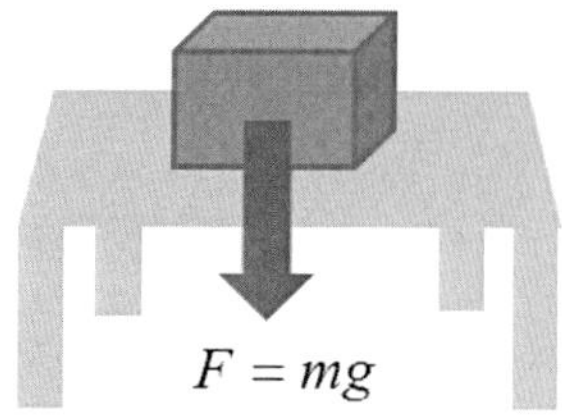

그림 15.10 질량을 가진 모든 물체는 지구 중심으로 중력이 작용한다.

이때 수직으로 누르는 힘 F를 힘을 받는 면적 A로 나눈 값을 압력이라고 한다. 즉, 압력이란 단위 면적에 작용하는 수직 힘을 의미한다.

$$P = \frac{F}{A} \tag{15.18}$$

압력의 단위는 N/m^2이며, 이 식으로부터 같은 크기의 힘이 주어질 때 작은 면적에 작용할수록 압력은 더 커짐을 알 수 있다.

기체 또한 분자들의 무질서한 열운동을 통해 기체를 담고 있는 용기의 벽과 계속해서 충돌하게 된다. 이때 분자들이 벽면과 충돌할 때 벽면의 단위 면적에 수직으로 작용하는 힘의 크기를 기체의 압력이라 한다.

사람뿐만 아니라 지구상의 모든 물체는 지구를 둘러싸고 있는 공기에 의해 힘을 받는다. 이는 공기도 질량을 가지고 있기 때문에 그 무게로 인해 힘이 작용되기 때문이다. 이를 공기에 의한 압력, 또는 대기압이라 한다.

1643년 이탈리아의 물리학자 토리첼리는 대기압을 측정하기 위해 그림 15.11과 같은 실험을 하였다. 먼저 왼쪽 그림과 같이 한쪽 끝이 막힌 길이 1m의 유리관에 수은을 가득 채우고 마개를 닫은 후 수은이 담긴 그릇에 거꾸로 놓는다.

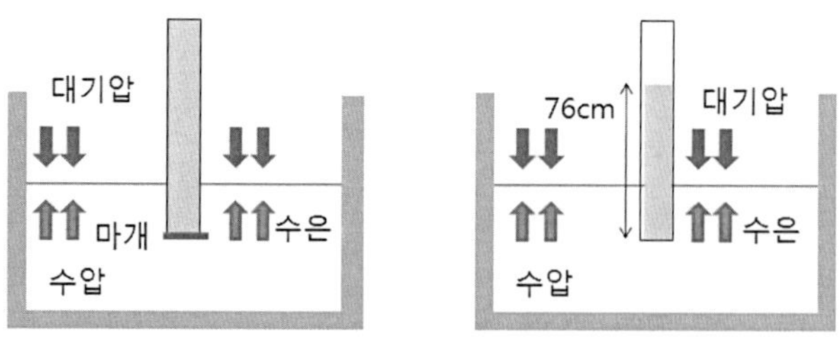

그림 15.11 토리첼리의 실험과 대기압

그리고 오른쪽 그림과 같이 마개를 떼면 유리관 속의 수은은 밑으로 내려가서 일정한 높이에서 멈추는데 그 높이가 76cm였다. 왜 이런 현상이 일어나게 되는 것일까?

먼저 용기에 담긴 수은 위에는 대기압이 누르고 있으며, 반대로 뉴턴의 작용-반작용에 의해 대기압에 의해 발생된 수압은 같은 압력으로 대기를 위로 밀고 있다. 만일 유리관 속의 수은의 무게가 수압보다 컸다면 이 힘의 차이에 의해 유리관 속의 수은은 아래로 내려가게 되고 결국 수은의 무게와 수압이 같아져서 두 힘이 평형이 되면 멈추게 될 것이다.

수압은 이미 설명하였듯이 대기압으로 인해 발생되었으며, 수은의 높이는 다음의 식으로부터 구할 수 있다.

$$h = \frac{P}{\rho g} \tag{15.19}$$

여기서 P는 수압(1.0332kg·F/cm^2), ρ는 수은의 밀도(13.53g/cm^2), g는 중력가속도(9.8m/s^2)를 의미한다. 따라서 $h = 76\,\text{cm}$가 된다.

15.5.2 보일의 법칙

외부에서 압력을 가해 기체의 부피를 $\frac{1}{2}$로 감소시키면 기체의 밀도는 2배가 되고, 단위 시간당 충돌 횟수도 2배가 되므로 압력도 처음의 2배가 된다. 반대로 외부의 압력이 작아지면 팽창으로 인해 부피가 증가하게 된다. 따라서 일정한 온도에서 일정량의 기체의 부피는 압력에 반비례한다.

일반적으로 온도가 일정할 때 기체의 압력을 P, 부피를 V라고 하면 기체의 부피와 압력은 일정하다.

$$PV = \text{일정} \tag{15.20}$$

이를 보일의 법칙이라고 하며, 그래프로 나타내면 그림 15.12와 같이 온도가 일정할 때 부피와 압력은 반비례 관계를 가진다.

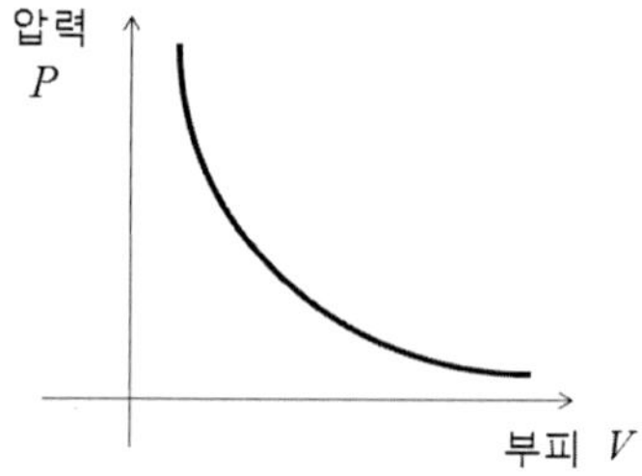

그림 15.12 온도가 일정할 때 기체의 부피와 압력의 관계

보일의 법칙은 이상적인 기체에서는 성립하지만 엄밀하게 보면 실제의 기체에는 적용되지 않는다. 그러나 기체의 물질량(몰)이나 온도가 변하는 경우에는 사용할 수 없다.

예제 15.4 30°C에서 풍선의 부피가 5L이고 압력은 1기압이다. 풍선을 2기압의 압력으로 눌렀을 때 풍선의 압력은 얼마인가?

풀이 풍선의 처음 압력을 P_1, 부피를 V_1라 하고, 나중 압력을 P_2, 부피를 V_2라 하면 압력과 부피의 곱은 항상 일정하므로 $P_1V_1 = P_2V_2$의 식이 성립된다.

따라서 $1 \times 5 = 2 \times V_2$이므로 $V_2 = 2.5L$이다. ■

15.5.2 기체의 온도와 부피

기체의 온도가 높아지면 부피는 팽창하게 된다. 그렇다면 기체의 온도가 높아질 때 부피는 얼마나 증가하겠는가?

1787년 샤를은 압력이 일정할 때 온도가 1°C 높아질 때마다 0°C일 때 부피의 $\frac{1}{273}$씩 증가한다는 사실을 발견하였다.

만일 일정량의 기체가 일정한 압력 하에 있을 때, 0°C에서의 부피를 V_0, t°C에서의 부피를 V라고 하면 위의 사실은 다음과 같이 나타낼 수 있다.

$$V = V_0(1 + \beta t) \tag{15.21}$$

이것을 샤를의 법칙이라고 한다. 여기서 β은 기체의 부피팽창 계수로서 $\frac{1}{273}$°C

를 의미하며, 기체의 종류에 무관하게 모두 일정하다.

이렇게 기체의 부피가 늘어나는 이유는 온도가 높아지면 분자 운동이 활발해지고 기체 분자 사이의 간격이 넓어져서 부피가 커지기 때문이다.

풍선 기구를 타고 하늘을 날거나, 찌그러진 탁구공을 따뜻한 물속에 넣었을 때 원래대로 되돌아오는 것도 탁구공이 열을 받아 그 부피가 팽창하기 때문에 가능한 것이다.

그림 15.13은 기체의 부피와 온도의 관계를 그래프로 나타낸 것이다.

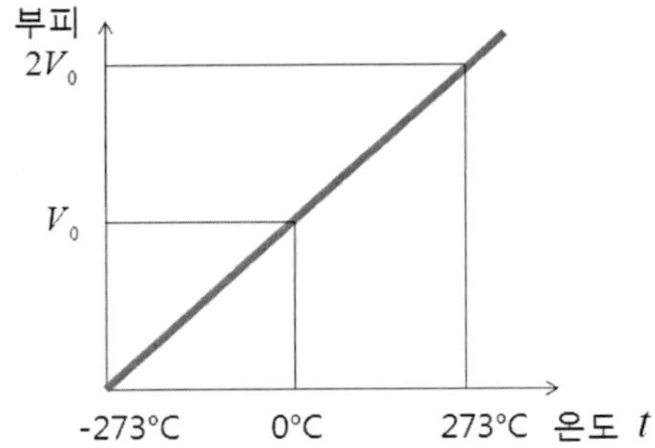

그림 15.13 기체의 부피와 온도의 관계

식과 그래프로부터 온도를 −273°C로 하면 기체의 부피는 0이 됨을 알 수 있다. 이 온도를 절대 0도라고 한다. 실제로 기체는 이 온도에 이르기 전 기체의 성질을 잃고 액체 또는 고체로 변하게 되므로 −273°C는 이론적으로 생각할 수 있는 최저 온도이다.

기체의 온도가 T_1일 때 부피가 V_1이고 기체의 온도가 T_2일 때 부피가 V_2라고 하면 식 (15.21)에 의해 각각 다음과 같이 계산된다.

$$V_1 = V_0(1+\beta T_1),\ \ V_2 = V_0(1+\beta T_2) \tag{15.22}$$

따라서 두 식으로부터 다음의 비례식을 얻을 수 있다.

$$\frac{V_1}{V_2} = \frac{V_0(1+\beta T_1)}{V_0(1+\beta T_2)} \tag{15.23}$$

이때 압력이 일정할 때 섭씨 온도 T에 273°C를 더한 새로운 온도 단위인 절대 온도를 사용하면 절대 온도 273°C의 1/273씩 증가하므로 온도와 부피가 비례하게 된다. 따라서 식 (15.23)은 다음과 같이 절대 온도를 사용하여 표현할 수 있다.

$$V_2 = V_1 \frac{T_2}{T_1} \text{ 또는 } \frac{V_2}{T_2} = \frac{V_1}{T_1} = \text{일정} \tag{15.24}$$

예제 15.5 일정한 압력에서 27°C의 부피 20L의 타이어가 있다. 부피가 40L일 때 온도는 얼마인가?

풀이 보일의 법칙을 사용할 때는 먼저 온도를 절대 온도로 바꿔 주어야 한다. 따라서 27+273 = 300K, 그리고 부피 20L를 식에 대입하면 $\frac{40}{T_2} = \frac{20}{300}$로부터 $T_2 = 600\,\mathrm{K}$가 된다.

이 값은 절대온도이므로 다시 273을 빼주면 $T_2 = 327°\mathrm{C}$가 된다. ■

15.5.3 보일-샤를의 법칙

보일-샤를의 법칙은 압력과 온도가 변하는 경우에 대해 보일의 법칙과 샤를의 법칙을 합성한 것이다. 즉, 온도를 T_0로 일정하게 유지하면서 압력을 P_0에서 P로 변화시킬 때 기체의 부피가 V_0에서 V'가 되었다면 보일의 법칙으로부터 다음의 관계가 성립한다.

$$P_0 V_0 = P V'$$

또한, 압력 P를 일정하게 유지하면서 온도를 T_0에서 T로 변화시켰을 때 부피가 V'에서 V로 변한다면 샤를의 법칙으로부터 또한 다음의 식이 성립된다.

$$\frac{V'}{T_0} = \frac{V}{T}$$

따라서 위의 두 식에서 V'를 소거하면 다음의 식을 얻을 수 있다.

$$\frac{P_0 V_0}{T_0} = \frac{PV}{T} = \text{일정} \tag{15.25}$$

이 식을 보일-샤를의 법칙이라 하며, 기체의 부피는 절대온도에 비례하고 압력에 반비례함을 의미한다.

이론적으로 보일-샤를의 법칙이 정확히 성립하는 기체를 이상 기체라고 한다. 이상 기체는 분자의 크기와 분자들 사이의 상호 작용을 무시할 수 있으며, 기체 분자 사이의 위치 에너지는 0이고, 분자들은 완전 탄성 충돌을 한다. 또한, 냉각시키거나 압축시켜도 액화나 응고가 일어나지 않는다.

일반적으로 기체의 경우 압력이 낮거나 온도가 높은 경우에는 이상 기체와 동일한 성질을 가진다.

이상 기체 역시 보일-샤를의 법칙에 의해 일정량의 기체는 온도와 압력의 변화에 관계없이 $\frac{PV}{T}$의 값이 항상 일정하다. 실험에 의하면 온도가 273K, 압력이 1기압인 상태에서 1몰(mol)의 기체가 차지하는 부피는 기체의 종류에 관계없이 일정하며, 그 값은 22.4L이다.

따라서 $T = 273\,\text{K}$, $P = 1.013 \times 10^5\,\text{N/m}^2$, $V = 22.4 \times 10^{-2}\,\text{m}^3/\text{mol}$을 대입하면 다음의 값을 얻게 된다.

$$\frac{PV}{T} = 8.31\,\text{J/mol}\cdot\text{K} \tag{15.26}$$

이 값은 기체의 종류에 관계없이 이상 기체에 대해 항상 일정하며, 이것을 기체 상수 R이라 한다. 따라서

$$R = 8.31\,\text{J/mol}\cdot\text{K} \tag{15.27}$$

이 된다. 식 (15.27)은 1몰의 기체에 대한 기체 상수이므로 n몰의 기체에 대한 기체 상수는 R'는 다음과 같다.

$$R' = nR = \frac{PV}{T} \tag{15.28}$$

따라서 이 식은 다음과 같이 쓸 수 있다.

$$PV = nRT \tag{15.29}$$

이것을 이상 기체의 상태 방정식(equation of state)이라 한다. 이 식으로부터 기체의 압력과 부피의 좁은 온도에 비례함을 알 수 있다.

아보가드로는 같은 압력과 온도에서 같은 부피를 가지는 기체는 같은 수의 분자를 가진다고 하였으며, 이를 아보가드로 가설이라고 한다.

1몰 속에 포함되어 있는 분자수를 아보가드로 수 N_A라고 하며, 이 값은 다음과 같다.

$$N_A = 6.02 \times 10^{23} \text{분자/mol}$$

따라서 어떤 기체에 포함되어 있는 총 분자수 N는 1몰 당의 분자수 N_A와 몰수 n의 곱 $N = nN_A$이 되며, (15.29)는 다음과 같이 기체의 분자수로 나타낼 수 있다.

$$PV = nRT = \frac{N}{N_A}RT = N\frac{R}{N_A}T$$

$$\text{또는 } PV = NkT \tag{15.30}$$

여기서 $k = \dfrac{R}{N_A}$이며, 볼츠만 상수(Boltzmann constant)라고 한다. 볼츠만 상수의 값은 다음과 같다.

$$k = 1.38 \times 10^{-23} \text{J/K}$$

예제 15.6 수소 기체가 23°C의 실내 온도와 1.5atm의 압력 하에서 1.5L의 플라스크 병에 모아져 있다. 5°C로 냉각되고 난 후 0.2L의 상자로 이동되었다면 새로운 상자의 벽에 기체가 가하는 압력은 얼마인가?

풀이 초기 상태의 조건들을 첨자 1을 사용하여 표현하면 기체의 상태 방정식 (15.29)는

$$P_1 V_1 = nRT_1$$

이다.

마찬가지로 새로운 상태의 조건들에 대해 첨자 2를 사용하여 나타내면 상태 방정식은

$$P_2 V_2 = nRT_2$$

가 된다.

따라서 두 식으로부터 $nR = \dfrac{P_1 V_1}{T_1} = \dfrac{P_2 V_2}{T_2}$ 가 되므로 주어진 값을 대입하면 새로운 상자의 벽에 기체가 가하는 압력 P_2는

$$P_2 = \frac{V_1 T_2 P_1}{V_2 T_1} = \frac{(1.5)(273+5)(1.5)}{(0.2)(273+23)} = 10.57\,\text{atm}$$

이다. ■

15.6 기체 분자의 운동과 압력

앞에서 살펴본 바와 같이 기체 분자들은 압력과 온도의 영향을 받으며 운동한다. 이 절에서는 분자의 운동이 압력과 온도에 의해 어떻게 변화하는지에 대해 간단하게 살펴보기로 한다.

15.6.1 분자의 열운동

액체나 고체에 비해 기체는 분자 사이의 거리가 멀기 때문에 분자 사이에 작용하는 인력은 거의 없으며 분자의 배열이 불규칙적이므로 분자의 운동이 매우 자유롭다. 이러한 분자의 운동은 온도가 증가할수록 더욱 활발해지며 이를 분자의 열운동이라고 한다.

분자의 열운동은 상자 속에 연기를 넣고 현미경으로 관찰해 보면 알 수 있다. 이때 연기 입자는 그림 15.14와 같이 매우 복잡하고 불규칙한 운동을 하게 되는데 이러한 운동을 브라운 운동이라고 한다,

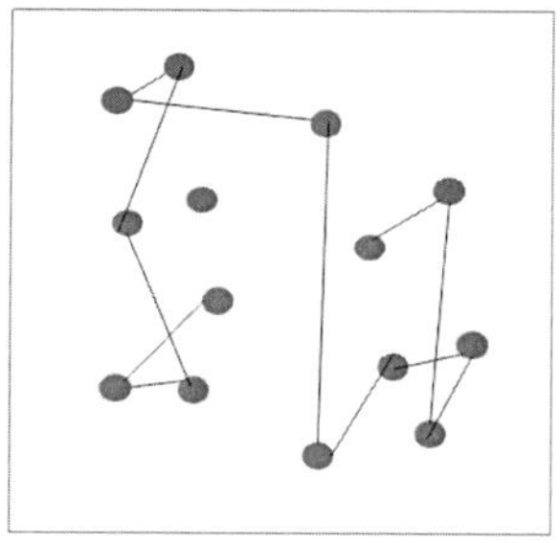

그림 15.14 브라운 운동

이와 같이 브라운 운동이 불규칙한 운동을 하는 이유는 연기 입자에 작용하는 힘이 분자의 열운동에 기인하기 때문에 그 힘이 무질서하고 난잡하기 때문이다. 큰 입자에서는 충돌하는 분자수가 많으므로 평균적으로 볼 때 모든 방향에서 같은 힘을 받는 것이 되므로 결국 힘이 작용하지 않는 것과 같아진다. 또한, 몇 개의 분자가 같은 방향에서 입자에 충돌할지라도 입자의 질량이 크기 때문에 입자는 거의 움직이지 않게 된다.

유체를 구성하는 분자의 지름은 매우 작으므로 그 운동을 직접 현미경으로 관찰하는 것은 불가능하다. 또한, 수많은 분자들의 운동을 분자 하나하나의 운동으로 다루는 것은 거의 불가능하므로 통계적인 방법을 통해서 분자의 운동을 기술한다.

15.6.2 기체 분자의 운동과 압력

밀폐된 용기 속의 기체 분자들은 열운동을 하면서 용기의 벽에 부딪쳐 벽면에 힘을 가하게 되며, 수많은 분자들이 벽에 부딪치는 힘은 기체의 압력으로 나타나게 된다.

그림 15.15와 같이 각 변의 길이가 L인 정육면체의 상자 안에 질량 m인 분자 N개가 평균 속도 v로 자유롭게 운동하고 있다고 가정하자.

기체 분자들은 열운동을 하면서 상자의 벽에 부딪혀 벽면에 힘을 작용하게 된다. 이 힘을 계산하기 위해 먼저 N개의 분자 중에서 1개를 선택하여 관찰하고 그 결과를 전체 분자로 확장하도록 한다.

이제 질량 m인 기체 분자 1개가 그림 15.16과 같이 x축 방향으로 속력 v_x로 운동하여 벽면 A와 탄성 충돌을 한다고 하자.

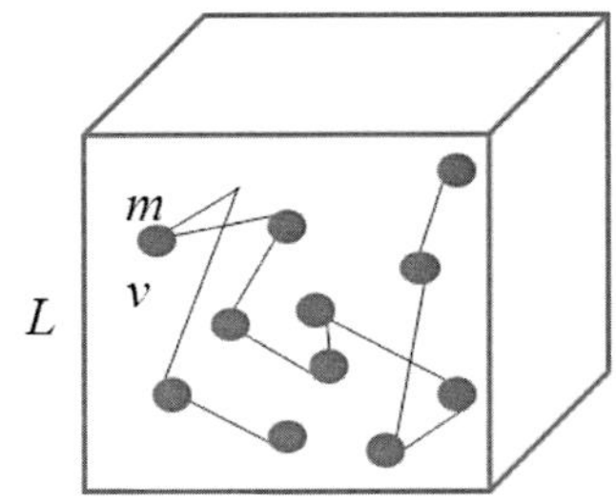

그림 15.15 정육면체 상자 안의 분자들의 자유로운 운동

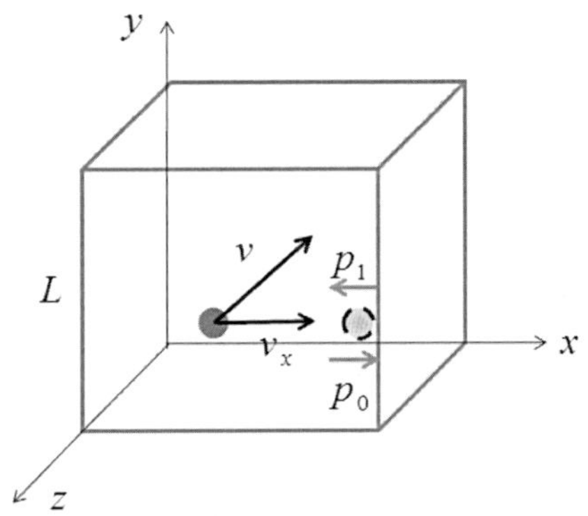

그림 15.16 질량 m인 기체 분자의 운동량

이때 벽면과 충돌하기 전의 분자의 운동량은 $p_0 = mv_x$, 충돌 후 튕겨 나올 때의 운동량은 $p_1 =- mv_x$이다. 따라서 충돌 전후의 운동량의 변화 Δp_x는 다음과 같다.

$$\Delta p_x =- 2mv_x \tag{15.31}$$

이 분자가 x축을 따라 벽면을 1회 왕복하는데 걸리는 시간 Δt는 속력의 정의식으로부터 $\dfrac{2L}{v_x}$가 되므로 이 분자 한 개가 Δt 시간 동안에 벽에 작용하는 평균적인 힘 F_x는 다음과 같다.

$$F_x = ma_x = m\frac{\Delta |v_x|}{\Delta t} = 2mv_x\left(\frac{v_x}{2L}\right) = \frac{mv_x^2}{L} \tag{15.32}$$

이때 상자 내의 기체 분자는 불규칙한 운동을 하게 되므로 v_x^2 대신 평균값 $\overline{v_x^2}$을 사용한다. 또한, 상자 속의 총 분자수를 N이라고 할 때, 상자 내의 총 분자가 시간 Δt 동안 상자의 벽에 작용하는 힘 F는 다음과 같다.

$$F = N\frac{m\overline{v_x^2}}{L} \tag{15.33}$$

한 분자의 전체 속도의 제곱은 세 방향으로의 속도 성분 v_x, v_y, v_z 제곱의 합이다.

$$v^2 = v_x^2 + v_y^2 + v_z^2 \tag{15.34}$$

또한, 상자 내의 많은 기체 분자들은 불규칙하게 운동하므로 독립적이라 볼 수 있다. 따라서 각 속도 성분들의 평균값은 동일하다.

$$\overline{v_x^2} = \overline{v_y^2} = \overline{v_z^2} = \frac{1}{3}\overline{v^2} \tag{15.35}$$

그러므로 이를 식 (15.33)에 대입하면

$$F = N\frac{m\overline{v^2}}{3L} \tag{15.36}$$

이 된다. 이때 기체의 압력 P는 상자의 벽 A에 단위 면적당 작용하는 힘이므로

$$P = \frac{F}{L^3} = \frac{N}{3L^3}m\overline{v^2} \tag{15.37}$$

이 된다. 여기서 상자의 부피는 $V = L^3$이므로 기체의 압력 P는 다음과 같이 나타낼 수 있다.

$$P = \frac{1}{3}\frac{N}{V}m\overline{v^2} \tag{15.38}$$

위의 식으로부터 기체의 압력은 분자수가 크고, 질량이 큰 분자일수록, 그리고 평균 속도가 빠르고 부피가 작을수록 커짐을 알 수 있다.

그리고 $\overline{KE}$를 불규칙한 분자의 운동과 관련된 단위 분자당 평균 운동 에너지라고 하면 $\overline{KE} = \frac{1}{2}mv^2$이므로 식 (15.38)로부터 다음의 식을 유도할 수 있다.

$$PV = \frac{1}{3}Nm\overline{v^2} = \frac{2}{3}N\left(\frac{1}{2}m\overline{v^2}\right) \qquad (15.39)$$

식 (15.39)로부터 압력과 부피의 곱은 기체 분자 1개의 평균 운동 에너지 $\overline{KE}$에 비례한다는 것을 알 수 있다. 이제 식 (15.29)와 식 (15.39)로부터 다음의 식을 얻을 수 있다.

$$\overline{KE} = \frac{1}{2}m\overline{v^2} = \frac{3}{2}\frac{nRT}{N} \qquad (15.40)$$

여기서 아보가드로수를 N_A라고 하면 n몰의 기체의 분자수 N은 $N = nN_A$이므로 $\frac{nR}{N}$은 $\frac{R}{N_A}$이 되고, 이 값은 앞 절에서 언급했던 볼츠만 상수 k와 같다.

따라서 기체 분자 한 개의 평균 운동 에너지는 다음과 같이 나타낼 수 있다.

$$\overline{KE} = \frac{3}{2}kT \qquad (15.41)$$

이 식을 통해 기체 분자의 평균 운동 에너지는 기체의 종류나 압력 등에 무관하며 온도에만 관계있음을 알 수 있다.

또한, 기체 분자의 평균 운동 에너지는 $\overline{KE} = \frac{1}{2}m\overline{v^2}$이므로 식 (15.41)과 비교해 볼 때 온도 T에서 질량 m인 기체 분자의 평균 속력은 다음과 같다.

$$\bar{v} = \sqrt{\frac{3kT}{m}} \qquad (15.42)$$

이는 앞에서 예측한 바와 같이 분자의 질량이 클수록 분자의 평균 속도가 작아짐을 의미한다.

예제 15.7 200K의 온도에서 질소 분자의 속력은 얼마인가? 이때 질소 분자의 질량은 4.65×10^{-26}kg이며, 질소는 이상 기체로 가정한다.

풀이 식 (15.41)로부터

$$\overline{KE} = \frac{3}{2}kT = \frac{1}{2}mv^2$$

이므로, 질소 분자의 평균 운동 에너지는

$$\bar{v} = \sqrt{\frac{3kT}{m}} = \frac{\sqrt{3(1.38\times10^{-23})(200)}}{4.65\times10^{-26}} = 423\text{m/s}$$

가 된다. ■

연습문제

1. 한 물체의 온도가 40°C이다. 화씨 온도로 변환하면 얼마인가?

2. 40g의 물을 30°C에서 80°C로 올리기 위해 얼마나 많은 열이 요구되는가?

3. 0°C일 때 놋쇠로 만든 정확한 자가 있다. 이 자의 온도가 30°C일 때 어떤 물체의 길이를 재었더니 정확하게 100cm가 되었다. 30°C에서 이 물체의 정확한 길이는 몇 cm인가?

4. 어떤 기체의 부피가 20°C에서 3L였다. 이 기체를 압력을 일정하게 하고 온도를 100°C로 높이면 부피는 얼마가 되겠는가?

5. 1기압 273K에서 부피가 $2\times10^{-2}m^3$인 기체가 있다. 2에서 이 기체의 부피는 얼마가 되겠는가?

6. 온도가 15°C인 이른 아침에 자동차 바퀴를 240kPa의 계기 압력까지 채운다. 뜨거운 도로 위를 하루 종일 운행한 후 바퀴의 온도가 70°C가 되었다면 새로운 계기 압력은 얼마인가?

7. 일정한 압력 하에서 기체의 부피를 두 배로 하고자 한다. 원래의 온도가 (a) 0°C (b) 100°C (c) 1000°C이었다면 각각 몇 °C까지 가열해야 할까?

8. 물과 얼음을 담고 있는 비이커에 400cal의 열을 전달하기 위해 열판을 사용하였다. 동시에 물을 저어서 300J의 일을 비이커의 얼음물에 가했다.

(a) 얼음물의 내부 에너지는 얼마나 증가하였는가?

(b) 이 과정에서 얼마의 얼음이 녹았는가?

찾아보기

(자)

[저자약력]

박 태 희

- 부산대학교 전자공학과 공학박사
- 동명대학교 정보통신공학과 겸임교수
- 동명대학교 메카트로닉스공학과 전임교수

정가 17,000원

알기쉬운 물리

2010년 4월 25일 초판 인쇄
2010년 4월 30일 초판 발행

저 자 : 박 태 희
발행자 : 우 명 찬 · 송 준
발행처 : 홍릉과학출판사
주 소 : ㊐ 142-885 서울시 강북구 인수동 455-60
등 록 : 1976년 10월 21일 제5-66호
전 화 : 999－2274~5, 996－8341, 903－7037
팩 스 : 905-6729
ISBN : 978-89-7283-874-6

hongpub@hongpub.co.kr
www.hongpub.co.kr

저자와의 협의하에 인지생략